后浪
跑赢不确定的未来

邱彬彬 著

本书是一部写给年轻人的思想成长指南。不同于一般的励志书，本书可让读者身临其境，感慨之余收获心灵正能量。

书中的内容以故事的形式演绎，以有趣的写作手法分享了诸多优秀创业者、职场人的人生故事。作者以年轻人的心态、思维和自己的所经、所思、所想、所见写出此书。作者希望本书能引导年轻人思考自己的人生，为迷茫的年轻人找到前行的方向。同时，作者激励每一个年轻人要满怀信心地改变自我，跑赢不确定的未来。

图书在版编目（CIP）数据

后浪：跑赢不确定的未来 / 邱彬彬著. —北京：机械工业出版社，2022.7（2025.2 重印）

ISBN 978-7-111-71077-6

Ⅰ.①后… Ⅱ.①邱… Ⅲ.①成功心理 – 青年读物 Ⅳ.①B848.4-49

中国版本图书馆CIP数据核字（2022）第113430号

机械工业出版社（北京市百万庄大街22号 邮政编码100037）
策划编辑：刘怡丹　　　　　　责任编辑：刘怡丹
责任校对：史静怡　王　延　　责任印制：郜　敏
北京富资园科技发展有限公司印刷

2025年2月第1版第3次印刷
145mm×210mm・7印张・208千字
标准书号：ISBN 978-7-111-71077-6
定价：65.00元

电话服务　　　　　　　　　　网络服务
客服电话：010-88361066　　　机　工　官　网：www.cmpbook.com
　　　　　010-88379833　　　机　工　官　博：weibo.com/cmp1952
　　　　　010-68326294　　　金　书　网：www.golden-book.com
封底无防伪标均为盗版　　　　机工教育服务网：www.cmpedu.com

感谢
家人及生命中
帮助过我的
每一个人

推荐序一

于故事深处
看到自己

我笑着读完了彬彬的这本书,很快陷入了沉思。因为这本书的故事里的很多桥段都让我想起了当时的自己。那时我也是"后浪",也曾经梦想着可以跑赢不确定的未来。

还记得我出版第一本书的时候,也是他这个年纪,那本书叫《你只是看起来很努力》,首印20000册。我当时跟编辑开玩笑:"哪20000个人会买这本书?"那时,我还是个英语老师,天真地以为自己的未来应该是讲一辈子课,未来可以一目了然。

结果没过几年,那本书卖了300万册。后来,我开始写剧本、小说,开始从事文学创作。我总会感叹,几年前"开的"一个"小差"让我走到了今天。果然,我跑不赢不确定的未来——我连未来是什么都不确定,而且未来还会继续不确定着。

人生最大的痛苦,就是你不能同时拥有青春和理性。但想一想,这也是青春最大的美好。

彬彬是我见过的为数不多的能让我见第一面就难忘的"95后",他坚强、正直、勇敢还愿意学习,14岁就出了名,一路还在狂奔,不到三十岁,已经有了常人没有的能量。我和他都没上过大学,不一样的是,我是读到大学三年级退的学,他是压根就不想参加高考。

翻看他的简历,你会觉得一个比自己年轻这么多的小朋友从底层一步步打拼上来,每一步都很扎实。最可怕的是,他还在继续行走在自己的道路上,还相信一切才刚刚开始。

我想,在他这些成就的背后,一定不会好受,因为他要承受着更大的孤独。

我也曾经被人称为后浪,因为看不清自己的方向。虽然到今天,我已经32岁了,但依旧对未来迷茫。我能做到的,就是顺应时代的浪潮并尽自己的努力做到不后悔。眼看"95后"和"00后"都步入了职场,他们做的许多事都是我看不懂的,或者明明看起来就是错的,但静下心来,我慢慢明白,他们也会有一天,到了30多岁,发现自己曾经走过的路是绕远的。

但这不就是青春吗?不后悔就好。

说真的,我不太喜欢用"后浪"这个词形容这些年轻人。一些媒体人喜欢用特别宏大且没有情感的词语去形容一代人,比如去年的"后浪"和今年的"躺平"。这些词仿佛在描述一个趋势,每个人都被控制在趋势里,用这些词伪装着自己,从而丢掉了自己的独特性。彬彬不是这样的,他是一个你见第一面就能了解到他的独特性和不同的人。于是，我花了一些时间读完了他的故事、他笔下的人（书中提到的晓萌我还认识）和他理解的世界，这正是青春的模样。

纪伯伦说："你无法同时拥有青春和关于青春的知识，因为青春忙于生计，没有余暇去求知，而知识忙于寻求自我，无法享受生活。"5年前，我就十分喜欢这句话，那时我也处于彬彬现在的年纪，于是我选择青春。现在，我总会回忆起那段时光。

时光是不会回去的。

我想，如果你也在20多岁充满着迷茫，你可以翻开他的文章，在领会青春的奥妙时还能学到一些知识，想必也是无比美好。

祝新书大卖，也祝彬彬永远青春年少。

是为序。

李尚龙

作家 飞驰成长 App 创始人

推荐序二

乘风
破浪
会有时

"北冥有鱼，其名为鲲。鲲之大，不知其几千里也；化而为鸟，其名为鹏。鹏之背，不知其几千里也；怒而飞，其翼若垂天之云。"10年前的邱彬彬，狂如鲲鹏，御风而行，击浪而去。

为邱彬彬作序，虽在意料之外，但作为前浪的我甚是欣慰。

看着10年前那个轻狂少年，一步一步摸爬滚打走来，入选2021福布斯中国30 Under 30榜，我不禁感叹：人不轻狂枉少年。

10年前，他是福州树德学校的高中生，高一入学时成绩平平，默默无闻；中学时期创立了零度安全网，被评为连江县"第一届（助人为乐）美德少年"并刊登到校报上，成为树德学校"立德树人"的典范，我由此关注到了他。偶然一次，我把邱彬彬叫到办公室聊天，发现我和他同为乡里，算是邻居和本家。初觉是自家孩子，后赞是少年奇才。17岁的他面对着我，畅谈其互联网之梦：那瘦削的身板，稚嫩的面庞，闪光的眼神，让我内心震撼。一股名为梦想的力量在喷涌。当时我就想，有着远见雄心的人，未来一定可期！

然而有一天，我突然发现校园里不见其影，获悉他决定放弃高考，要去互联网"大厂"实习。高二学生？未成年？不读书？去实习？一连串的问题让我惊讶，乃至不安。我亲自打电话联系他，他说："老师，我无心参加高考，但我会一直努力学习和工作。"

之后，他背井离乡，在餐馆打工挣钱，过着居无定所的生活。

我理解他的年少不羁，不求他浪子回头。出于惜才，出于爱护，他成为我校唯一一位20岁不到的孩子享受教师编制待遇的学生，亦如他书中所言："给他一张门票，让他可以去看世界。"我每个月定期汇款资助他，一个月，两个月……一年，直到有一天他突然告诉我，他可以养活自己了。其实，他若不提，我也愿意继续供他。他懂得知止，我尊重他一切的选择。

白驹过隙，时光荏苒。10年后的今天，2022年正月初六之时，我首次举办树德校友新春座谈会，邱彬彬回来看望我。遥望这昔日瘦小的青涩少年，已然沉淀为英气沉稳的后浪青年，我很欣喜——他懂得感念滴水之恩，虽未从母校毕业也仍是树德人；他懂得激荡层层涟漪，获得成功后也不忘投身公益，回报家乡小镇。耳畔不禁萦绕起我们的校歌："学会做人，学会关爱，学好本领，实学真才……"一言一词，都是我对树德莘莘学子的期望，他也都做到了。

我是民办学校的校董，当然不是在这里宣扬后辈也要像他那样"冲动地放弃高考去闯荡"，而是嘉许其志存高远、奋进求索的精神。他自己也在书中说道："如果当初自己能够好好学习，我的人生或许会是另一番更美的光景。"成功没有捷径，他乘着互联网之风找到自己的人生之路，虽不再经历高考的磨炼，但同样披荆斩棘直至羽化成蝶。所以，人生没有固定的路，一切由自己走出。他在找到梦想的时候，不再等风，勇敢追风。虽乘风向前，但同样要破浪沧海——这是我对"乘风破浪"的解读。

但后浪如何更好地向前呢？后浪仍旧离不开前浪之力。作为民办教育实践者，我由此思考起教育的意义：教育，启迪着后浪展现本色，心怀热血，绽放自我。当他们面对槌的打击时，我们要成为其良师益友，一路助其成长，使之臻于完美。

欣喜之余，我更自豪——人才投资是效益最大的投资。作为邱彬彬的直接资助人，我用微不足道的资力培育了引领时代的互联网后生，为社会创造更大的价值。那么，在这不确定的世界里，我们靠什么跑赢时代？靠的是内心。唯有心怀社会，舍得付出，才有收获。而教育是终生伟业，也是多元探索。我是否能最大化地发挥前浪之力，激荡更多像邱彬彬这样的后浪呢？于是，我在2022年倡议并出资1800万元设立"安健教育奖"与"安健医学奖"，以此帮助更多青年人才寻梦、追梦、圆梦。所谓激荡，乃激励——激励青年勇往直前，乃荡漾——荡漾起更多浪花。愿彼时，在连江，在福建，在中国，在世界，都有一批批后浪"直挂云帆济沧海"，引领着时代继往开来！

最后，再次真诚地祝愿：彬彬少年，击水三千，乘风破浪，扶摇直上！

邱安健

福州树德学校校长、董事长

推荐序三

并非每个人都拥有发现的能力

能给邱彬彬写序，是我的荣幸。

我比他大 11 岁，在"鹅厂"（网友对腾讯公司的昵称）工作 12 载，与无数人打过交道，自认为"阅人无数"。但遇到他，并被他视为伯乐确实是我的荣幸，尤其是刚认识的时候他还只是个初三的学生，而当时的我正值他如今的年纪——26 岁。

在福建连江县上初三的他，有着除学生外的另一个有趣身份——少年"黑客"。当然，他并不是入侵他人电脑、窃取数据的黑客，而是正儿八经的"白帽黑客"——致力于发现网络漏洞并提示网友。知晓这些源于我的工作，也源于他对我的"搭讪"，现在想想也许是志同道合者的一段"注定好的缘分"。

那是 2011 年，我负责腾讯微博媒体合作工作。如果你对这个产品有印象，恭喜你是互联网 3G 向 4G 迈进的见证者。当时我的工作目标是让更多媒体人使用腾讯微博，工作性质偏向于商务拓展。

一天晚上，我正在刷着自己的腾讯微博，突然"叮"的一声收到了一条未读私信提示，我随手打开一看，是一个男生的留言："嗨，朋友，能给我的微博认证吗？"

这种事情在我的工作中时有发生，于是我很自然地加了他的QQ聊了起来。在聊天过程中，他的一个行为细节瞬间令我对他的好感度提升；我让他给我认证文字，他给的信息我至今记得："邱彬彬，福建零度安全网站站长。"

为什么时隔多年我仍记得这么清楚？那是因为我们当时发布了认证规范标准，但基本上没人会去研究这些规则解释文档，同时期的艺人和媒体人都很难按照规则提供认证文字。而邱彬彬完全遵照认证规范——"姓名，逗号，陈述性语句，句号"——提供了认证文字。

彼时，我还并不知道他的年纪，直到我要他提供证明材料，他发给我四个链接。第一个链接是他的网站地址，后三个链接是多家媒体对他的报道。报道内容令我诧异，我带着怀疑问他："小学五年级就是黑客，你现在才上初三啊！"邱彬彬很快回道："是呀，我上初三，请多关照！"我又问道："你怎么不好好学习啊，都快中考了。你的家长不限制你上网吗？"邱彬彬："……"

当时我有些疑惑，便问他："我一般都给媒体人认证，你怎么觉得我能认证这种类型的微博账号呢？"他很快又给了我三个链接,是腾讯微博中其他站长的认证,那意思不言自明:有对标,赶紧给我认证了吧!

看罢,我做出了最后的坚持:"你为什么认为我能给你认证呢?"他说:"我看了你所有的微博,你应该是×××部的吧,×××是你同事,×××是你领导……"我一时语塞,之后便逐一为其提交认证。

认证后,他那孩子的本性显露出来,他说他看到认证通过后非常开心,和我聊天中都透着兴奋,那时候他很向往"鹅厂",称特别希望能来"鹅厂"实习。我当时一听便不假思索道:"如果你以后想来腾讯实习,可以直接来找我!"

时光如梭,3年后的某一天,邱彬彬给我打电话,他说:"嗨,朋友,我到北京了,你来接我吧!"

当天,我骑着自行车从公司出来,到地铁站接到了他和他的父亲,到酒店安顿好后,就着手他实习的事情了。说实话,腾讯一直在招募日常实习生,而他来北京的那年已是2014年,我转岗到了其他部门做媒体合作。为了避嫌,也考虑到他擅长的方向,我没有建议他来我们这个部门,而是找到自认为符合他的部门推荐了简历。如我预估,邱彬彬本身非常优秀,能力又对口,没有任何悬念,他成为腾讯的实习生。

事实上,在帮他认证完微博后的3年里,我们一直保持着联系。我给他分享一些工作经验,他述说一些他的生活趣事。

在不间断的联系中,我知道了他更多的经历。比如,他虽然身处小县城，但他的父亲很早就到上海开了网吧，而邱彬彬上中学期间的寒暑假也都会去父亲的网吧当网管。当他问我哪个城市好时，我以为他要出去玩，于是推荐了扬州。之后，他竟然不远千里去扬州打工挣路费，看着到手的工资那么少都快哭了……

令我没有想到的是，我还得到了他的帮助。那时我正处于转岗期，工作涉及一个全新的领域——SaaS⊖，媒体人出身的我对这方面的知识并不了解，而这对于技术大拿出身的邱彬彬来说可谓"正中枪口"。他非常耐心地讲解了相关知识，对我而言如天降甘霖，许多年后这些知识依然受用。

记得当时他来腾讯实习的第一个月，我就对他说："你以后肯定能留在互联网'大厂'，只要你愿意。"因为他既有能力，又有拼劲。他是我了解的实习生中屈指可数的能加班熬夜并住单位的人，能扩展边界做串联的人，能发现其他产品线问题漏洞便直接找负责人甚至找领导沟通的人……

后来，他顺利留在腾讯工作，之后又自己创业，管理几十人的团队，再后来于2020年年初机缘巧合地回归腾讯，上了长江商学院的MBA，荣登2021福布斯中国30 Under30榜⊖……我几乎见证了他的全部成长经历，这对我来说有些许骄傲，毕竟是我

⊖ SaaS，是Software as a Service的缩写名称，意思为软件即服务，是一种通过网络提供软件的模式。

⊖ 福布斯一贯以前瞻性的目光，寻找那些年龄在30岁以下、在业内崭露头角，或者展现出成为未来行业及社会翘楚的潜在力量。他们砥砺前行，不负韶华，在平凡中铸造伟大。

"慧眼识英才"。毫不夸张地说,邱彬彬的经历远超同龄人,而天道酬勤,他自然会有更多向上的机会。

"并非每个人都拥有发现新事物的能力",这句话是我大学时代在天津《今晚报》实习时无意中看到的一个电影预告片中的文字,我一下子就记住了这句话。发现的能力不是每个人都有,我认为邱彬彬一直在"发现"或者在"发现"的旅途中,一直在努力拓宽视野,用更敏锐的触觉做着更好的"发现"。他一边积累酝酿、一边努力绽放,也就有了这本书的问世。

我相信有一天我一定能和我的女儿党灵潇骄傲地说:"闺女,你知道现在的这个知名××家邱彬彬吗?我是他的第一个伯乐哟!"

是的,能给邱彬彬写序,是我的荣幸!

党 金

2022 年 3 月 26 日凌晨

自 序

在不确定中寻找确定性

2020年五四青年节时,B站(中国年轻一代高度聚集的文化社区和视频平台)发布了"献给新一代的演讲"——《后浪》,一时间,刷爆了整个互联网。作为一个《后浪》里说的"后浪",看完整个演讲,我的心久久不能平静。

这个世界有"你们",也有"我们",还有"他们";这个世界本就是大江奔涌,后浪推前浪,一浪更比一浪强。如果向后看,是无数前人的薪尽火传,推动着人类的进步;如果向前看,依然会有无数后辈的热血青春,灿烂人生。而现在的"我们",正是承前启后的阶段,我们继承了前人的遗志,也在为后辈打前站,就在当下,我们正在躬身入局。

2020年的春天,我坐在窗台前,怀着对"后浪"的思考,回忆起自己尚且年轻的人生。思绪一下子把我拉回到多年前。

2014年，知乎上出现一个名为"背井离乡，为什么年轻人愿意打拼'北上广'"的问题，答主王远成用亲身经历作为样本，讲述了自己当年从三本大学毕业到上海"沪漂"逆袭成白领的故事。这条回帖很快引起了广大网民的疯转，甚至引发了《人民日报》《人物周刊》《青年报》等媒体争相报道。

电脑屏幕前的我注视着王远成的回答，不仅佩服王远成的勇气，更是被他的传奇经历深深吸引。我暗暗下定决心，一定要去大城市闯一闯，路途再遥远、条件再艰苦，我都不怕。惊喜来得猝不及防，我意外获得一位认识多年却素未谋面的网友相助，顺利得到了去腾讯实习的机会。那时的我，刚满18岁。**直到今天，我都很感激当年自己的选择。**

背着双肩包、拖着行李箱，我踏上了去往北京的旅程，成为千万"北漂"大军中的一员。初来乍到，这座城市的一切事物都令我感到惊奇：林立而起的高楼大厦、车水马龙的大街、让冬天不再寒冷的暖气管……一切对我而言都是崭新的。

新鲜过后是现实的窘迫，北京的酒店价格每晚几乎都在400元以上，这对一个小镇青年来说，是难以承受的天价。兜兜转转，我终于找了一个一晚150元的招待所住下。招待所条件很差，前台处有一排脏到发黑的沙发，不知道被多少人坐过，强忍着心里的不适，我拿到了房卡。其实，要不要房卡也没多大关系，因为房间的门根本锁不上，只能虚掩着，我只好将房间里的椅子拖过来抵住房门，在心里安慰自己："一旦有人进来，椅子就会被撞开发出声音,我就能醒来。"房间里的床看起来比前台的沙发干净一些,这让我稍微安心了一些,可当我躺上去后,才发现这张床几乎快散架了,轻轻地摇晃便感觉要坍塌。我只得紧绷着四肢,不敢乱动。但就是在这个房间、这张床上,我下定决心:**我一定要在北京站稳脚跟,活下来!**

如何活下来?

唯有终身学习、持续奋斗。在刚到北京的那些"艰苦"的日子里,我学会了如何自学,学会了坚韧隐忍,认清了世界本来就是充满困难的。在机会来临时,我意识到在这座城市想要成为一个优秀的人,就一定要终身学习,持续奋斗。我想要的人生不是简单地复制粘贴,而是不断努力争取后的转型与蜕变。

说到这里,我想起在生活中、网络上、大街上无处不见的"奋斗"二字,但是也有不少年轻人迷茫地问自己为什么要奋斗?

特别是在现在这个充满不确定性的时代,许多事情都不是我们能决定的。人太渺小,在生命和时间面前就像蚂蚁一样,无能为力。那么,我们为什么还要奋斗?

答案就是:**在不确定的世界寻找确定的自己,跑赢不确定的未来。**

确定性与不确定性

如今都在说这是一个充满不确定性的时代。事实上,每个时代都具有不确定性,甚至每个人的每一天都充满不确定性,我们无法知道我们的下一分钟将会发生什么。

看看我身边的人,有的人选择追求确定性,进入了体制内部,却发现并不像自己想的那么确定;有的人自觉或不自觉地去创业或被裹挟进某个企业,却因为突破了自己的确定感,打破了自己的路径依赖,反而在不确定中获得了成长的力量。**我们每次在与不确定性斗争的过程中都会获得成长的力量。**

在谈到确定性与不确定性时,一个在酒店行业工作的朋友是最有发言权的。他形容自己这两年就像坐过山车一样,忽高忽低,不知道自己今年会获得多少收益,也许会创历史新高,但也可能撑不下去而倒闭。**我们以为的和实际上的相差甚远**,这就是确定性和不确定性。

造成不确定性的因素有很多,比如天灾人祸、市场的变化、人的变化等。

奥地利物理学家薛定谔曾于 1935 年提出有关猫生死叠加的著名思想实验,即"薛定谔的猫"。实验是这样的:在一个盒子里放一只猫,以及少量放射性物质和剧毒物质。之后,有 50% 的概率放射性物质将会衰变并触发机关打破装剧毒物质的瓶子,从而杀死这只猫;同时有 50% 的概率放射性物质不会衰变而猫将活下来。

很大程度上,确定性与不确定性,就如同薛定谔的猫。猫到底是死是活要在盒子打开后,外部观测者观测后才能确定。也就是说，在盒子打开之前，猫既死又活。这足以说明，客观规律不以人的意志为转移。然而，从过往接受的教育和听到的故事中，人们总愿意相信一切事物都是有联系的。换句话说，我们相信这个世界有因果关系——因为我们做了 A，才会导致 B 和 C 的结果出现。爱因斯坦说："上帝是不玩骰子的，但是量子力学让我们不得不相信，上帝似乎是玩骰子的。"

说得再通俗一点，我们现在正在努力地工作，但哪一年才能升职是不确定的。因为我们都很清楚地知道，一个人的成功不是完全来自自己的努力，这也是我们年轻人排斥不确定性的根源之一。

我们讨厌"内卷"，是因为大家都在存量上切蛋糕，结果是大部分人切到的蛋糕越来越小。但如果我们换一种思维方式，在不确定性中寻找更高层次的确定性，那么就能在增量上切到更多的蛋糕。

跑赢不确定的未来之四个动作

不断学习、持续奋斗就一定能成功吗？不一定。不学习、不奋斗就真的无法成功吗？也不一定。认为不学习、不奋斗就无法成功，是源于我们的惯性思维。但我们环顾四周便能发现身边总有一些"三分钟热度"的人，他们不爱学习、不甚努力，但是在职场上，他们依旧混得风生水起。

当然，我这样说并不是告诉大家都去"躺平"，都不再努力。对于年轻人来说，不断学习、持续奋斗是每个人都应该做的，它如同流淌在我们身体里的血液。但同时，我们应该正视和接受不确定性的存在。就好像为了达成某一个结果，我们做了一些努力，可最终结果却与我们设想的南辕北辙。我们需要接受这样的可能，不能因为结果不如心意便自暴自弃。

正视和接受不确定性的存在，能让我们更快找到某些确定性的东西。

虽然古希腊哲学家赫拉克利特曾说："生活中唯一不变的就是'变'。"但亚马逊创始人贝佐斯也说道："我不知道未来 10 年的变化是什么，我专注于未来 10 年不变的事情。"

一转眼，我在北京待了 7 年。我虽然起点不高，但总算没有停下前进的脚步。只要我不停歇，在一个机会很多的城市里，我就有机会翻盘。结合我的经历和与优秀的"后浪"们的访谈，思考下来，我发现有四种能力对我们年轻人在不确定性中寻找确定性的未来至关重要。

一是，**从学生思维转变为职场思维。**

在职场上，我们常常用一个人是否具有"职场思维"来评判他是否能够胜任工作。究竟什么是"职场思维"？一两句话也难以描述清楚。我花了近两年时间，才略微感受到其中真意。

无论是学习方式、个人心态，还是与人相处的模式，职场与学校都是截然不同的。因为一开始不知道这一点，在这两年中，我踩过无数职场"大坑"，经历过数不清的"痛"。直到导师对我的工作评价从"你这写的是什么垃圾"到"彬彬的方案写得挺好的，加油"，我的思维方式已经发生了很大变化。我明白了同事与同学间的角色差异，摒弃掉容易受挫的"玻璃心"，化被动学习为主动学习，方才成为一名合格的职场人。

当然，合格代表着我只有 60 分，这对于我来说是远远不够的。踌躇满志的我想进阶到 80 分，甚至 90 分、100 分。这比从 0 分到 60 分更难，我现在仍在朝着这个分数努力。

二是，以投资人的视角审视自己。

如果我是一个投资人，我会投资一个我这样的青年吗？我能从这次投资中获得什么？我需要付出什么？这是我一段时间以来思考最多的几个问题。如果我自己都不想投资自己，那么意味着我对于别人也是可有可无的存在。

重新审视自己后，我发现这些问题的答案都不尽如人意，但好在我还年轻，每一天都是投资自己的绝佳时机。30 岁之前，我需要不断补齐自己的短板，等到 30 岁后发挥"长板效应"。

我最大的短板是没上大学，没有学历。意识到这一点后，我利用工作之余参加自学考试，在两年时间内不停歇地考了 27 门课程，拿到了专科和本科的学历。毕业 3 年后，我还参加了长江商学院的 MBA 面试，不断弥补自己在学历上的不足。

三是，**构建适合自己的知识体系**。

这是一项长期事业，并非一朝一夕可以达成，但尝试着这样做之后，我的工作效率显著提升了。

像程序员做软件一样，我不停地重复"输入—处理—输出"的过程，不断吸收和萃取各种知识。遇到晦涩难懂的专业书籍，我便慢慢"啃"；对于碎片化的知识，我集中梳理。慢慢地，一些知识就像在我的脑中过了一遍"筛"，留下来的那些成为我自己的东西，我能够将这些知识运用在我的工作和生活中，或者给他人一点帮助。长此以往，知识越积越多。

四是，**搭建高效的人脉圈子**。

这一点决定了我未来的路能够走多远。我认为社交圈并不仅仅是我们获取第一手信息的渠道，更是让我们接触各种各样优秀人才并向他们学习的绝佳途径。过去，我总担心自己没有朋友，因为我并不"合群"，我创办网站在很多人眼中是"不务正业"，我流连网络被许多人视为"玩物丧志"，在成长的很长一段时间里，我是孤独而自卑的。

但后来我发现并不是我不合群，而是我不合他们的群。《乌合之众》中有这样一句话："人一到群体中，智商就严重降低，为了获得认同，个体愿意抛弃是非，用智商去换取那份让人备感安全的归属感。"

一个人的圈子，往往代表着一个人的层次，跟志同道合的人聚在一起，让我收益颇丰。我的社交圈子年龄跨度非常大，从"60后"到"00后"都有，针对不同年龄段的朋友，我采取差异化的相处模式，寻找到双方间的价值连接点。

比如，我和"60后""70后"前辈相处，可以从年轻人的视角传递他们想知道的信息，并且从他们身上获取到多年历练后看待商业的格局与各种更深层次的视角；与"80后""90后"相处，我们能够互帮互助，是并肩作战的"战友"；从"00后"身上，我更能把握住年轻一代的热爱，掌握时代发展的趋势，而他们也在与我的相处中吸取我的经验。

我们的未来不足以想象

"一个国家最好看的风景，就是这个国家的年轻人。"

"你们有幸遇见这样的时代，但时代更有幸遇见这样的你们。不用活成我们想象中的样子，我们这一代的想象力，不足以想象你们的未来。"

这是《后浪》里的话。我把它呈现在我的书里，是想告诉和我一样的年轻人，时代大潮已经浩浩荡荡涌来，新一代青年是选择蜷缩着被时代浪潮冲垮还是选择站起来接受风雨的洗礼？

在这个充满不确定性的时代里，最让我不解的一点是，很多人都变得麻木了，变得开始向生活"低头"了。

庆幸的是，还有那么一群年轻人，他们依然在不断地向着确定性的方向靠拢，不断拓宽自己的知识渠道，拓展自己的人脉资源等。人与人之间的认知差距最终会在互联网世界中越拉越大，造成新一轮的认知壁垒。而这种壁垒，对普通人来说，正变得越来越难以逾越。这也是为什么越厉害的人反而越努力、越勤奋。因为他们深知，不努力、不勤奋的代价是什么。

写到这里，我看着窗外诗意盎然的春天，内心一片祥和。

20岁那年，我参与央视前主持人慕林杉发起的公益项目"帐篷学校"，成为核心成员之一。

23岁时，我成为G20 YEA[⊖]中的一员，开始思考人生的意义并做了人体器官捐献志愿登记，做了青年访谈栏目，去感悟各种各样人物的多面人生，看自己、看世界、看众生，成人达己。

25岁，我有幸入选福布斯中国30 Under30榜，成为年轻的上榜者之一。

26岁，我写了人生中的第一本书《后浪》。我想将这些令我有所感悟的后浪们的故事分享给所有人，希望阅读本书的你，能从中收获良多。希望这本书如萤火一般，虽然在黑暗里发一点光，但可照亮你前行的路。

未来，我可能会做很多事情，会继续学习，继续提升自己，

⊖ G20 YEA即G20青年企业家联盟；由G20成员国大型青年企业家组织、创新创业平台和优秀的青年企业家组成，主要聚焦于创新创业、国际产业合作和全球青年企业家群体发展。

继续奋斗。生活不止有眼前的苟且，还有远方的星辰大海。不要被任何人的丧气话所感染，悲观消极的人没有未来，悲观消极本身就是对他们的折磨和惩罚，我们要永远乐观，永远充满希望。

我们要相信，我们这一代青年远比最乐观开明的前辈想象得还要优秀。最后，愿大家眼里有光，心中有爱。愿大家坚定自信，不负韶华。

邱彬彬

2022 年春天

目 录

推荐序一

推荐序二

推荐序三

自　序

第一章
奔涌吧，后浪

邱彬彬　**你所热爱的才是最重要的** / 003

长大以前，梦想之间 / 004

小学生创建零度安全网 / 009

放弃高考去腾讯 / 012

高文宇　**梦想，因行动成真** / 019

梦想，不是说说而已 / 020

选择梦想，放弃"铁饭碗" / 022

林小能　**时代有幸遇见这样的我们** / 027

当张小盒遇见林小能 / 028

当理想撞上现实 / 032

当父亲遇上绘本 / 035

第二章

像"战场"一样的职场

晓 萌　**想要的东西，自己踮着脚拿** / 041
　　　　与职场性骚扰正面相逢 / 042
　　　　把握女性领导者的优势 / 045
　　　　家庭与事业怎么选 / 050

大飞哥　**生活不止有"996"** / 052
　　　　拒绝"996"的第一步：永远热爱生活 / 053
　　　　拒绝"996"的第二步：保证高效输出 / 055
　　　　拒绝"996"的第三步：尊重自我意愿 / 059

老 韩　**明天和裁员，哪个先来** / 062
　　　　不安分的互联网"老兵" / 062
　　　　35岁门槛限制+办公室内部斗争，怎么办 / 066
　　　　增强核心竞争力才是最终的出路 / 068

第三章

人生没有什么是一定的

古乃草　**生命，折腾去吧** / 073
　　　　在平淡的生活中寻找变迁 / 073
　　　　艺术特长生冲击"清北" / 076
　　　　冒险永动机，不会停息 / 078

墨 墨　**不被性别设限** / 082
　　　　对性别的另类反叛 / 083
　　　　冲破性别禁锢的力量 / 084
　　　　爱上真实的自己 / 088

| 任　可 | **抑郁研究所所长** / 091 |

好好活着，是人生最大的成功 / 092
自己淋过雨，也能为他人撑伞 / 096
从"任有病"到所长任有病 / 097

| 大头妹妹 | **随性而活，只做真我** / 101 |

没有音乐梦想的音乐人 / 102
从酒吧驻唱到独立音乐人 / 104
不必过分在乎他人的看法 / 106

| 彪　哥 | **不一样的活法** / 109 |

大学生开啤酒屋 / 110
"北漂"青年的酒馆梦 / 112
都市"灯塔" / 114

第四章　后浪的情感独白

| 王　双 | **"一穷二白"的爱情** / 119 |

年轻人，你敢"裸婚"吗 / 120
婚姻没有固定模板 / 124
选择结婚是因为爱，不是因为凑合 / 128

| 徐老师 | **"00 后"的原生家庭** / 131 |

不解：他们为什么不离婚 / 132
难解：为什么我做什么他们都要反对 / 136
和解：在生命面前一切微不足道 / 139

董金海 **听说成年人难寻真友谊** / 143

年轻人的友谊不需要铺垫 / 144

一场史无前例的成功"投资" / 147

成年人的友谊是悄无声息的 / 153

第五章

30 岁，一切刚刚好

30 岁前，我的成长法则 / 159

30 岁一无所有，是 20 岁不够优秀 / 160

30 岁前，选择做什么样的人很重要 / 164

30 岁前，一定要坚持的 5 件事 / 168

30 岁时，人生才刚刚开始 / 172

延迟满足，尽全力奔跑 / 173

30 岁，未来还有机会吗 / 176

30 岁，独立且有能力 / 178

30 岁后，敬畏生命 / 182

30 岁后，告别"伪社恐" / 183

30 岁后，更加精彩 / 187

后　记

期待下一个故事 / 190

第一章 奔涌吧，后浪

邱彬彬

你所热爱的
才是
最重要的

梦想注定是一趟孤独的旅程，路上少不了质疑和嘲笑，但那又怎样，哪怕遍体鳞伤也要勇往直前。任何事情，我们都应该去尝试一下，因为我们无法知道，什么样的事或者什么样的人将会改变我们的一生。

我始终相信梦想的力量，因为我想给自己一个机会，趁自己年轻，趁阳光正好，趁微风不燥。也许我们奋斗一辈子，始终还只是一个"小人物"，但不会妨碍我们在这样的年纪选择用什么样的方式去追求梦想。别败给生活，别败给"别人说"，别败给"你应该怎样"。

就算你喜欢研究蛐蛐，或者喜欢做各种各样的事情，都不要紧，想做就做，你所热爱的才是最重要的。

长大以前,梦想之间

在每一个时代,青少年醉心且痴迷于除课本外的任何一样事物,似乎都会被冠上"玩物丧志"的罪名。尤其是在 21 世纪初期网络盛行的时代,喜欢网络的青少年几乎与"不良少年"画上了等号。

这大抵是成年人受自身认知局限对未成年人做出的最无端的揣测。其实,绝大多数的"网瘾少年"并没有我们想象中的那么"坏",他们也有自己的坚持。只是,这种坚持没法被老一辈的人所理解,更没法被社会的刻板印象所接受。当然,如今的时代随着电竞的崛起,再加上"80 后""90 后"父母的开放性,人们已经对游戏改变了原有的认知。现在,让我把时间的镜头拉回到 13 年前。

2009 年夏天,巨大的榕树树冠遮住烈日,形成一片阴凉之地。在榕树旁的三层小楼里,一位脸颊通红、额头和鼻尖冒出汗水的少年,一边对着电脑利索地敲着键盘,一边用带着福州味道的普通话,磕磕绊绊地介绍:"创办这个网站,就是想让大家聚集在一起学习……"

少年的旁边是两个举着话筒和摄影机的记者,话筒上印有福建电视台的标志;屋内还有几个和少年年纪差不多大的小男孩,正兴奋地看着记者;更远处是门外的榕树底下,小镇上的人们早已围成一片,带着惊奇的目光,对记者的到来议论纷纷。

第一章 奔涌吧，后浪

片刻后，记者离开，人们积累到峰值的好奇心在这一刻得以释放。"彬彬，这是谁啊？""为什么采访你呀？"一系列问题向这个刚刚得到喘息的少年抛来。此刻，人们俨然成为另一批"记者"。

在那个年代，电视是家家户户接收信息的主流媒体，一个小镇少年能够接受省级电视台的专访，几乎可以算得上是轰动全市的大事。少年腼腆地回应众人："没什么，就是办了一个网站，省里的电视台就来采访我了。"这句话用现下的流行语评价，就是有点"凡尔赛"。但在当时的少年心中，这的的确确是内心想法的真实表达。

这个少年，就是我。

至于我为什么能接受电视台的采访，说起来也颇有一点传奇色彩。简单来说，就是"玩"电脑玩出了新花样。

和诸多"90后"一样，我的互联网之旅从一个QQ号开始。小学三年级的暑假，我随父亲到上海，并在父亲的工作地玩耍。在父亲的办公室里，我第一次见到了同学们一提起就激动万分的电脑。踏进父亲的办公室后，我的目光就没从电脑上移开过。兴许是察觉到了我对电脑的关注，父亲的朋友便问我想不想玩电脑，我点了点头。他帮我打开了电脑，教我一些基础的电脑操作，还帮我申请了一个QQ号。

这个QQ号帮我叩开了互联网的大门。电脑屏幕上闪烁的QQ对话框，异彩纷呈的表情符号，袒露心声的QQ空间，令我沉醉其中。时至今日，那串数字依然被我记得滚瓜烂熟，甚至成为我最常使用的账号和密码。

不久，父亲在老家给我买了一台电脑，我兴奋至极，开始搜集班里同学的QQ号，每晚回家便逐个加上。那些在班里都不怎么来往的同学，在QQ上却仿佛有说不完的话。然而有一次正当我与父亲视频时，QQ突然弹出一个"山东潍坊异地登录"的对话框，QQ马上下线，再次登录时我的QQ性别从"男"变成了"女"，我立刻意识到我被"盗号"了！

"黑客"盗号在当时并不是一件稀奇事，时常就会听某个同学讲述被"盗号"的经历。虽然听多了这种事情，但当这件事情第一次真真切切地发生在我的身上时，我既害怕又好奇。"为什么他可以控制我的电脑？""我和同学的聊天内容会被他看到吗？"虽然QQ很快恢复了正常，但这些问题始终萦绕在我脑海中，久久无法散去。

其他同学应对账号被盗的方法通常是不了了之，或是更换一个更为复杂的密码。但我却十分想弄清楚"黑客盗号"的原理，如此才能从根本上防止账号被盗。为此，我下定决心学习更多互联网安全知识。但对于一个没有任何社会经验的小学生来说，学习课本以外的知识并非易事。在这个过程中，我曾经因为点进不知名的"学习链接"而导致电脑"中毒"，也尝试着按照网络教程操作，结果却不尽如人意，甚至被所谓的"网络安全知识专家"骗过钱……

第一章 奔涌吧,后浪

折腾了一段时间之后,依旧晕头转向的我感到很无力,但这也让我明白了:这个世界上并没有什么捷径可走,要想真的弄懂什么,还是得从头学起,稳扎稳打。于是,我更换了学习思路,在网络上搜寻了大量学习视频,根据视频提示,一步一步进行实战演练。虽然很多视频中充斥着生涩难懂的专业术语,还有令人分不清楚的英文符号,但在"啃"这些视频的过程中,我隐隐觉得自己比以前"厉害"了很多。

在学习了大量网络知识,连键盘上的字母都被磨花后,我终于有了一点突破——我弄清了"盗号"的逻辑!之前"盗"我QQ号的"黑客"先用木马病毒绑定文件,当我无意间打开文件时,木马病毒就开始在我的电脑上运行。随后,这个木马病毒先自动地把我的QQ关闭,然后当我重新登录输入QQ号和密码时,键盘记录器便自动记录了我的账号和密码,并发送到盗号人的邮箱中。

弄清了这个原理,接下来要验证我的想法是否正确。怎么验证呢?去盗别人的QQ号吗?我立即将这一想法扼杀在了摇篮中。"要不我盗一下自己的QQ号试试!"第一次被别人盗号,这一次,我想被自己"盗"。抱着试一试的心态,我申请了一个QQ小号,按照我梳理出来的逻辑去"盗号"。一番操作后,我居然成功了。当通过技术手段获取到自己的账号和密码时,我激动地跳了起来。这是我第一次靠自己的摸索掌握了看似神奇的"盗号"技术,也是我第一次感受到"爱好"带给我的巨大喜悦。

我迫不及待地将这一消息分享给了小伙伴，我骄傲地拍着胸脯向他们"炫耀"自己的成果："我刚刚破解了QQ号被盗的技术，以后你们QQ号要是被盗了，可以来找我，我来帮你们解决。"虽然他们将信将疑，但见我如此激动，也同我一样高兴。

没过几天，一个热衷于电脑游戏的小伙伴就哭丧着脸找到我，告诉我他攒了一周的钱给自己的游戏账号充值，买了很多装备，结果账号被盗了。他束手无策，希望我能帮他找回账号。"盗号"的逻辑相通，于是我很快将所学知识运用起来，帮小伙伴找回了游戏账号。这次实践使我的网络安全技术水平得到提升，小伙伴们也愈发信任甚至崇拜我。

从此，我更加一发不可收拾，有时学到忘我，甚至达到了"废寝忘食"的境界。只要一有空闲，我就会坐在电脑桌前，敲打着键盘，茶不思饭不想。令我印象最深刻的一件事是我曾经为了学习一个技术，在电脑面前"干"了一个通宵。

事物的两面性在此刻凸显到极致，我的网络安全知识飞涨，奶奶的怒气值也达到了顶点。她早已看不惯整天"趴"在电脑前的我，在她眼中，我是一个十足的"网瘾少年"。

彼时，家里出了一个"网瘾少年"可以算是一个家庭的"悲哀"了，是足以被整个村子探讨的"反面典型"。电视上各种关于"网瘾少年"的负面新闻层出不穷。比如，某个小孩子因沉迷网络，无心学习，每天偷偷到网吧上网。

事实上，相较于网络游戏，我对网络安全知识的兴趣更高，游戏胜利给予我的成就感远不如破解 QQ 号被盗的奥秘。但很显然,我年迈的爷爷奶奶并不理解。我无意辩解,更不想与他们发生冲突,只得稍微收敛。但暗地里,我铆足了劲,想在长大以前,找到自己和梦想之间的距离,为自己那个庸俗的叫作梦想的东西在努力。事情的发展方向却突然转弯,一切的议论和批评,在我被电视台采访后偃旗息鼓了。

2022 年,当我坐在北京的出租屋里,写下 26 岁的自己时,我用力地抱了抱自己。我想握住自己的手,鼓励自己要不懈地继续走下去,风雨兼程,无所畏惧。这样,多年后的我就不会成为今日的我,在回溯时摇摇头说着淡淡的遗憾。我的梦想,从来不是说说而已。

小学生创建零度安全网

出于自身学习网络安全知识的艰辛,我时常会思索会不会有和我一样想学习网络安全知识却没有渠道的"同道中人"。这让我十分珍视能够认识网络友人的每一个机会。在网上寻找学习资料时,有一些"牛人"会留下自己的联系方式,我因此加上了不少喜欢网络安全知识的 QQ 好友。

冯静便是其中之一。他是某个技术论坛上的高手,在他分享的帖子中,我学到了许多有用的互联网知识。加上他的 QQ 号之后，我本以为这种高手会比较"高冷"，但并非如此，他非常有耐心，对于我的提问总是事无巨细地一一解答。这样一位大我十几岁的"叔叔"，很快成为我的"忘年交"。

当然，他此前并不知晓我的年纪，只当我是同龄人。偶然告诉他我的年纪之后，他也大吃一惊，估计他也从未想过平时在线上经常请教他问题的网友，居然是一个年仅14岁的毛头小子！

在与冯静交流渐深之后，我便与他提起了自己学习网络安全知识的艰辛，询问他是否也有这方面的苦恼。没想到他也感同身受，告诉我要是有一个平台，能让想学习网络知识的人都在其中更加便利地获取资源就好了。这让我的脑海中迸发出一个想法：如果我能搭建出一个以交流网络安全知识为主的平台，让所有人都能在这个平台上共享资源、交流知识，是否可以帮到更多人学习网络知识，抵御"黑客"入侵？

我将这个想法告诉冯静，他听后非常激动，马上告诉我可以给我做指导，教我搭建网站的知识。在冯静的技术指导下，我利用小升初的那个暑假，花了一个多月的时间，终于上线了"零度安全网"。这一个多月里，我几乎没有出过家门，奶奶直呼："这孩子魔怔了。"

搭建网站并不难，难的是经营，也就是如何将网站推广开来。我这个14岁少年创办的公益性网站，显然无法像其他网站一样获得资本的加持，一切只能依靠自己的努力。为了吸引"同道中人"，我学习了一些网络宣传方法，比如站长圈层交流、交换友情链接、制作教程引流、建立网络安全交流群等。就这样，我一个人努力推广网站。

或许因为初衷非常纯粹，也可能是我的努力起了效果，"零度安全网"在短短 4 个月内，就吸引了不少网络知识爱好者，拥有过万会员，日点击率也曾过千。为方便同行学习，我们根据网络安全知识的类别，将"零度安全网"的论坛细分成了几大板块。随着浏览网站人数的增多，每个板块开始出现了所谓的"版主"，颇有大型论坛的味道。

这些"版主"大多数是热爱网络安全的大学生，他们会自告奋勇地要求管理自己擅长的板块，输出内容；他们会时不时地做一些与网络安全相关的活动；他们会"为爱发电"，甚至自费买一些奖品来回馈网站用户，让网站"活"了起来。慢慢地，"零度安全网"受到了越来越多用户的支持与喜爱，他们在论坛表达感谢、提出建议，让网站有了成长。

"零度安全网"的成功，让我在网络上开始小有名气，捕捉到这一信息的福建电视台记者迅速联系到我，并决定登门拜访，也就出现了文章开头我被采访的那一幕。爷爷奶奶震惊了，在他们眼中不务正业、沉迷网络的我，居然能被电视台采访。我甚至一度成为附近同龄人口中的"别人家的孩子"，成为父母们眼里的"榜样"。

令我最为欣喜的是，许多用户在网站上发帖、留言，表示他们通过网站学习到了更多的网络安全知识，不再担心被"盗号"，也鲜少造成电脑"中毒"。如此这般,便已足够。

在这个讨论环境开放的互联网时代,像我一样对网络技术感兴趣的大有人在。大家共同享受着互联网带来的便利,接受着传播迅速的新鲜事物,却最终选择了不一样的道路。有的人用学到的技术去做"黑客产业",想走一走"捷径";有的人则坚守自己的底线,继续走狭窄的独木桥,用自己的能力为这个社会做贡献。而我,则更愿意做那个走独木桥的人,与时代同频共振。

放弃高考去腾讯

由于彼时我把时间和精力大都花费在网站运营上,学业只能勉强维持。到了初三,周围的同学都开始发奋学习,我也受到触动,暗下决心努力一把。但想要在一年内将三年的知识消化干净,也并不容易。不出所料,我的中考成绩一般,勉强上了普高线,还因为单科成绩未过线,在第一次填报志愿时落榜。幸运的是,我能够参加补录,最终上了县城里的一所民办高中——福州树德学校。

由于中考成绩不理想,我被分在了"吊车尾"的四班,只有年级前一百名才能进入一班或二班。在高中努力了半学期之后,我考进了百名以内,如愿以偿地调到了二班。但当下的学习于我而言,仍旧是一件非常吃力的事情。按照学校往年毕业生的去

第一章 奔涌吧，后浪

向，我的成绩最多能够考上一所二本大学，还是超水平发挥的情况下。

认清这个事实后，我感到十分沮丧。要知道，我所接触的那些网站用户，动辄都是名牌大学的学生。他们都对未来没有很大把握，更何况连考二本都非常吃力的我。我一度陷入迷茫之中，不知道未来该何去何从。

或许上天看我尚有一份天赋，很快我的人生便彻底改变了。

2010年，微博兴起元年，带着猎奇心理，我也注册了微博账号。看到其他互联网高手都拥有自己的"大V"标志，我的内心也按捺不住，在微博上找到一个叫"党金"的人，将自己被采访的视频发给他，怀着一丝希望询问他是否能帮我通过微博认证。

过了好一会儿，他才回我一句："你是怎么找到我的？"看他没有立刻拒绝我，我认为认证的事情应该有戏。于是，我如实回答道："我看了你的微博，我还知道你的领导叫××，对不对？"又过了好一会儿，他让我填写微博认证的资料，好在我提前做了功课，便很快将资料填好。党金后来告诉我，他当时心里一惊，心想这个小孩子不简单，不仅知道利用网络查找信息，还能在这么短的时间内把认证信息填写得如此标准。

大概十分钟之后，党金发来一条信息："认证搞好了。"我心里一喜，果然看到我的微博成了"大V"。历经半年之久的微博认证，终于在此刻尘埃落定。令我更为意外的是，我还没来得及道谢,党金便发来一条信息:"如果你以后想来腾讯实习,可以直接来找我。"

我的脑子"嗡"地一下"炸"开了,愣了十几秒钟后,我才反应过来:我有机会去腾讯工作?天知道这是一件多么不可思议的事情。腾讯是几乎所有热爱互联网的人都熟知的互联网"大厂",能进腾讯的人几乎都是名牌大学计算机系毕业的高才生,或是互联网领域的高手,普通人可能较难获得这个机会。

原来我在别人眼中有入职腾讯的实力,我的内心有一丝窃喜,一瞬间又感到无比自豪。我还是一个高二的学生,党金递给我的橄榄枝当然不是无限期的,如果等我先考大学,大学毕业后再去腾讯,未免太过久远。那么,我要放弃高考去腾讯实习吗?我一时间也没了主意。毕竟高考对于一个高中生来说,是最紧要的头等大事,而且只是去实习,也不能确定就能留在腾讯工作。

思虑再三后,我问了自己一个问题:"邱彬彬,你愿意放弃这个去腾讯工作的机会吗?"几乎在问完的那一刹那,我便听到我心底的声音:"我不愿意!"从那一刻起,我决定了,我要放弃高考去腾讯!

现在的我回想起当时的决定,依然感叹于当初自己的大胆。虽然现在我也过上了理想的生活,但放弃高考这件事,始终是我人生中的一大缺憾。我不鼓励今天的年轻人放弃学业而过早地走入社会,后来的我明白:如果当初自己能够好好学习,我的人生

第一章 奔涌吧，后浪

或许会是另一番更美的光景。

当我将这个决定告诉家里人后，不出意外他们都十分反对：一是担心我被骗，觉得我一个未成年人，腾讯根本不会要我；二是他们固有的观念认为，我就应该按部就班地完成学业。在上海的父亲知道这件事情后还给我打了一通电话，狠狠地将我训斥了一顿："你要是敢辍学，我回来后绝不轻饶了你！"

我是一个执拗的人，我认定的事就一定不会放弃。所以，即使老师、家长都不同意，我仍然选择了退学，并规划在 18 岁成年后就到腾讯实习。距离 18 岁还有两个月的时候，我不再去学校，而是决定去打工，攒够去北京的路费，并且提前感受一下社会生活。

然而，事情并没有我想象的那么顺利，那时我在电视上看到扬州发起了"明星带你去旅游"活动，便很快被扬州这座城市所吸引。于是，便将打工地点定在了扬州，自己偷偷一个人跑去了那里。对这次"离家出走"充满无限幻想的我，不久后就被现实狠狠地打了一耳光。

为了养活自己，我决定先在扬州找一份服务员的工作。肯德基是我面试的第一个门店，面试完填写表格后他们让我回去等通知，利用等通知的时间，我又尝试去其他店面试，却都屡屡碰壁，这让我很受打击。在找工作期间，我租了一个破旧的小单人间，实在饿得不行了，就去买一包泡面果腹。这样的生活持续了一个星期，直到有一家很缺人的烤鱼馆"收留"了我，我才正式上岗。

服务员是一份很累的工作，对于从没吃过苦的我来说，这份工作的艰辛差点在第一个星期就将我"劝退"。从早到晚，只要是一到饭点，我就会忙得不可开交，有时甚至连上厕所的时间都没有。每天晚上回到宿舍，浑身酸痛，第二天连胳膊都抬不起来。在工作时，我也会遇到一些很奇葩、故意刁难的顾客，就算是被他们指着鼻子骂，我也要忍着。

在做服务员的两个月里，我体会了辛苦的滋味，遇到过客人的刁难，学到了一些社会技能，看遍了人情冷暖……即便如此艰难，我也选择了坚持。因为我明白，这是我自己做出的第一个选择，哪怕它可能不对，但我也要坚持把它完成。我始终相信，伸手摘星，即便一无所获，也不至于满手污泥。

在扬州当服务员期间，树德学校的校董邱安健老师给我发来信息，他询问我为什么要辍学。邱老师在我创办了"零度安全网"之后一直很关注我，得知我辍学时他便第一时间联系我。我将自己的计划告诉了邱老师。邱老师很震惊，他想不到一个年纪这么小的孩子能去哪里工作。不过，他并没有阻拦我，反而开始资助我，我成为树德学校唯一一位享受教师编制待遇的学生。可以说，邱老师给了我一张门票，让我可以去看世界。

在咬牙坚持做了两个月服务员后，我给党金发了一条消息："我满18岁了，可以来腾讯吗？"

"当然可以，你什么时候来？我安排你的入职事宜。"

第一章 奔涌吧,后浪

带着这两个月攒下的钱和邱老师资助我的费用,我回到家中,再次郑重地告知了父亲我的决定。经历过这次"离家出走",父亲在万般无奈下答应了我,也提出了陪我一起去北京的要求,我同意了。离出发的日子越近,我的内心越澎湃。不止一次,我幻想着我在腾讯设计感十足的大楼里,有着自己的工位,每天与一群志同道合的同事讨论工作,攻克难关。

终于到了启程的日子,我们先从福建到达上海,再从上海转车到北京,花费了整整一天的时间,而我却丝毫不觉得疲惫,甚至激动到手抖。到了北京南站后,我们选择乘坐地铁抵达我们的目的地——中关村。没想到,那天我们正赶上北京的下班高峰期,地铁上人潮汹涌、摩肩接踵,我们提着行李箱,十分不方便。

晚上七点钟左右,我们终于出了中关村的地铁站,我站在天桥上,肆意感受着北京的车水马龙、灯火辉煌。

这里,将是我互联网梦想开始的地方,也是我追逐梦想的起点。

时间的镜头拉回到现在,在这场向梦想的奔赴中,我想分享给年轻人寻找梦想的几个条件:

- 开阔自己的视野(阅读或者去跟优秀的人交谈)。
- 提升自己,向比自己优秀的人学习。
- 相信梦想的力量,不要听"过来人"说梦想不重要。

这是我们年轻人最重要的事情。当然，每一个梦想的实现都离不开一次又一次的磨难，我们只身迎上，无人相助，但最后如蜜的果实一定值得我们像这样一次又一次地挑战自己。破茧成蝶的重头戏在"破"，诀窍在"独"，蝴蝶在独自破茧的过程中滋养、强大自己的双翅，任何外力的协助都会导致它最终只能拥有一双柔软无力的翅膀，无法乘风而上。

想要让自己比周围人都成长得快，我们不妨做到这两点：先在自己中意的领域寻找到高手；然后向他"拜师"，站在巨人的肩膀上寻梦。

我们都在跌跌撞撞之中寻找自己的出路，当你走不出来的时候，看看这些鼓励，然后振作精神，继续前行。

高文宇

梦想，
因行动成真

你说自己喜欢读书，结果书架上书都落满了灰，也没有翻开过一本；你说自己梦想的职业是广告文案，可你从来没有为此精进自己的技能；你说你一直梦想一个人去长途旅行，但你连走出小区都会抱怨太阳晒……

这就是一些年轻人挂在嘴边的"梦想"，总是在"说"，却很少付出行动。夜里想想千条路，早上起来走原路，大抵就是这个状态。我已经厌倦了这种说说而已的把戏，我和高文宇很清楚自己的优势在于：我们不是一个仅仅会想想而已、说说而已的人，我们有行动力。

很多人都说现实束缚了自己，其实在这个世界上，我们一直都可以有很多选择，生活的决定权也一直都在自己手上，只是我们缺乏行动而已。

梦想，不是说说而已

高文宇最近一直在思考转行的事情。不过不是因为当下的工作过于疲累，让人崩溃，相反，他当下的工作既清闲，福利待遇又好，几乎是难得一见的好差事。

高文宇还没毕业就被一家地铁公司从学校挑走，一毕业直接入职做了地铁技术员。高文宇是个事业心很强的人，入职前便考了很多相关的证书，入职后工作勤勤恳恳，兢兢业业，也曾在企业内部的竞赛中获得二等奖。

入职没多久，高文宇就从技术员晋升为督导，成为这家国企有史以来最年轻的督导。对，这是一家国企，薪资待遇不错，工作轻松。但高文宇是一个十分上进的人，无所事事令他心生惶恐，悠闲的时光令他感到空虚。再加上督导之后的晋升受限，因为单位里还有不少比他资历深、年龄大的员工排着队等着升迁，所以轮到他不知何时了。

"总要做点什么吧？在这二十多岁的青春年华里。"高文宇不止一次这样想。这也是他与我相识的重要原因。

当高学历逐渐成为这个社会的标配时，我渐渐意识到，没有学历，即便拥有建造大厦的能力，也难有筑基的机会。2015年，我带着年少时期的"遗憾"，报名了自考本科。为了了解更多资讯，我加入了自考学习交流群，在群里，我结识了高文宇。

这是高文宇为转行走出的第一步路，尽管他不知道该往哪里

第一章 奔涌吧,后浪

转,但他知道不能只凭一腔热血,盲目扎进别的行业,那样结果多半是幻想破灭,陷入尴尬处境。那些随便转行便轻易成功的人,多半是幸存者偏差⊖。

"谋定而后动",这个古老的兵法,作为今天的生存法则仍然适用。高文宇显然知道这一点,于是他从各个方面开始发力,努力寻找自己转行的方向。他积极关注国家各项政策、经济发展方向,在自考群里与大家交流行业状况,"群友们"普遍反映互联网行业薪水比较高。得知我在腾讯工作后,高文宇开始与我"私聊"。

在我告知他一些基础的互联网信息后,他开始与身边其他行业的朋友沟通。比如,他的哥哥就是一名后端程序员,曾经给高文宇展示过他制作的 SaaS 系统,高文宇看过之后大为震惊,当下便对互联网产生了浓厚的兴趣。工作之余,他考察了互联网行业的相关职业,如运营、产品经理等。

为了进一步了解互联网行业,高文宇约我见面详谈。记得那天上完课后,高文宇发来微信,约我到北京西苑的一家日式拉面馆吃面。先到餐厅的我,在等待高文宇的过程中,打开电脑处理手头上的工作。不一会儿,高文宇就来了,笑呵呵地跟我打招呼。

吃饭过程中,高文宇告诉我,他十分看好互联网行业,希望

⊖ 幸存者偏差是一种常见的逻辑谬误,指的是只能看到经过某种筛选而产生的结果,而没有意识到筛选的过程,因此忽略了被筛选掉的关键信息。

我能在择业方向上给他一些建议。我问他对什么方向感兴趣，他说互联网运营，因为任何专业都离不开互联网，互联网是一个必然的发展趋势。

结合我的意见，高文宇最终选择的一家国企做前端运营，然后开始自学相关课程，积极穿梭在北京的各大互联网讲座中，参加阿里巴巴的技术大会……

有的人在谈及梦想时，一会儿担心过程太长，怕坚持不下去；一会儿担心目标太大，怕最后失败。如此前怕狼后怕虎，在彷徨中裹足不前，最终导致机遇从身边溜走，白白浪费了光阴。英国著名文学家劳伦斯有一句名言："成功的秘诀，在于养成迅速去做的好习惯。"在我身边，许多贡献较大、成绩较优异的人，并不是他们的知识、眼光、观念多么出类拔萃，其梦想和目标常常和身边的人差不多，只是因为他们实现梦想的行动比别人快一步，并且能够孜孜以求而已。

选择梦想，放弃"铁饭碗"

选择梦想的高文宇很快就将辞职提上日程，高文宇迫切地想要证明自己的选择没有错。

当他提出辞职时，他的领导当天就找他谈话，问他："是不是工作中遇到了什么问题？我来帮你协商解决？"高文宇说："没

第一章 奔涌吧，后浪

有，大家都挺好的。"国企不缺人，一个位置空出来，有无数人想挤进去，但高文宇是这位领导一手带出来的，于是这位领导便又劝了劝："你别冲动，好好考虑清楚，我再给你两天时间，你若遇到问题，可以随时找我，我帮你解决。"

高文宇也不好意思回绝，于是将辞职日期延后了两天，实际上他已经考虑清楚，也已经没有退路了。两天后，高文宇请领导吃了顿饭，向领导说明了自己的决心和规划，领导这才同意了他的辞职申请。

高文宇永远记得自己办完离职手续走出单位大楼的那天，连日来黄沙漫天的北京城终于再次澄澈，蓝天白云重现天空。高文宇在空气中闻到了一种自由的味道。

勇气是高文宇辞职的基石，但空有勇气是谓"莽夫"，有能力支撑的勇气才叫魄力。高文宇深知这一点，于是开始紧锣密鼓地学习知识。他在一家专业的互联网前端运营教育培训机构报了名，但由于手头拮据，高文宇拿不出钱来交学费。

他无奈地叹了口气，然后拨通好朋友的电话，借了一笔钱交上了学费。终于能够开始系统性学习互联网知识了，高文宇的内心久久不能平静，上课十分认真。他租住的小屋在昌平，培训机构在海淀，每天单程时间就有两个小时。每天早上六点钟，高文宇就得起床，出发去学习，晚上八点钟下课，到家已经十点钟了。培训老师每天还会布置一些作业，给学员们做巩固练习。当高文宇每天做完作业，消化完当天学习的课程后，已经是凌晨两三点钟了。

生活就像《岁月神偷》里罗太太的形容，总是一步难，一步佳，关关难过，关关过。高文宇认为苦点累点没关系，比起身体的劳累，心灵的空虚更可怕。更何况，此时他已经没有任何退路了。

在培训班里，高文宇结识了一位有着相似经历的伙伴。这个男生当时已经快30岁了，此前从事销售工作，他的压力也非常大，头发几乎都白了，高文宇称其为"大哥"。高文宇当时不过20岁出头，对于30岁还如此"冒险"转行的事情，他有一些不解，尤其互联网是一个非常年轻的行业，几乎都是年轻人在做。大部分人毕业后从事的第一份工作都会决定其一生的职业选择，即使有些许变动，也都是在同行业内流动。

从销售转向互联网运营，不得不说这是一个比高文宇更大胆的人。相熟之后，高文宇问出了自己心中一直存在的疑虑："为什么快30岁了，还想转行做互联网呢？"那位"大哥"淡然一笑："我觉得年龄不是问题，多大年龄都可以转。"

这让高文宇颇受触动，虽然他也因为整日熬夜学习，开始出现脱发症状，但看到这位"大哥"的一头白发，他仿佛重新蓄满了能量。"嘿，彬彬，我转行成功了。"后来有一天，我突然收到了高文宇发来的微信消息，我的内心十分震惊，也难以置信，在我眼中，憨厚老实的他此前可能并没有做互联网的天赋，没想到他真的做到了。

第一章 奔涌吧，后浪

　　进行过系统培训的高文宇很快入职了一家物联网公司。刚入职时，他接到了一个农业与互联网结合的项目，这个项目的数据量非常大，他完全不知道该如何下手。但刚刚入职如果就展现出自己技术上的不足，高文宇担心自己连试用期都过不了，于是他自己尝试着做了三次，可这三次最终都被推翻了。

　　时间耗费了，却没有拿出成果，这在哪一家公司似乎都是禁忌。技术部门需要开展下一步工作，于是不断催促高文宇做出成果。高文宇在一些技术交流群里求助，明确怎么搭建框架。经过不断探讨，以及他的不懈努力，他终于将这个项目交付了。

　　顺利完成这个项目之后，高文宇在朋友圈发了一段霍金的话："记住要仰望星空，不要低头看脚下。无论生活如何艰难，请保持一颗好奇心。你总会找到自己的路。"此时的高文宇无比坚信，现在的这条路一定是属于他的康庄大道。

　　果不其然，高文宇很快便从一个前端运营小白成长为熟手，并成为组长，开始独立带领团队做项目。后来，在我恭喜他成功转行，并询问他有没有后悔时，高文宇异常激动地说道："怎么会后悔呢？现在公司的氛围非常好，每个人都很积极，遇到问题马上商讨解决，不互相推诿，没有那么多流程，对我而言这是焕然一新的一切。"

　　高文宇还向我提到，他转行成功后给父母打电话报喜时，十分得意地对父母说："爸，妈，你们看，'铁饭碗'从来都不是编制，而是我自己的本事。"

现在的高文宇已经再次转变了身份,成为一家公司的联合创始人兼技术负责人。

在北京这片土地上,像高文宇这样为梦想一直在不断选择、放弃的人有很多。有千千万万平凡又不平凡的年轻人,他们在工厂里、在马路上、在格子间、在会议室,用自己的热爱与执着,为自己的梦想添砖加瓦。

在社会给我们"90后"冠以"不靠谱""任性"的标签时,我想说,这是属于我们这一代人对梦想的理解,我们认为梦想是用来实现,而不是遗憾的。或许我们拼尽全力也不会成功,但无论结果怎样,至少在我们回首的时候可以说"我试过了,我不后悔"。

梦想,是一个能让人感到兴奋的词,它让我们觉得一切皆有可能。只要太阳每天还照常升起,我们就要继续去做我们想做的事情。

林小能

时代有幸
遇见
这样的我们

　　我们常调侃,生活不止房贷、车贷与得过且过的苟且,它还应该有星辰大海,有诗与远方。听得多了,似乎总有人觉得这些不过只是在宽慰人心,可这种积极的宽慰何尝不是我们前进的能量?我们不应该总是被丧气话包围,因为消极悲观的人一定没有光明的未来。我们注定乐观,注定心怀感激,注定永远充满希望。

　　我们是后浪,我们有幸遇见这样的时代,但时代更有幸遇见这样的我们。不用活成我们想象中的样子,我们这一代的想象力,不足以想象我们的未来。

　　深夜白昼又清晨,下面我所讲述的就是一个为梦想而努力的青年——林小能。

当张小盒遇见林小能

相信很多人，特别是北京的年轻人都曾见过这样一个形象：顶着一颗方方正正的盒子头，有两条浓浓的八字眉，并且鼻孔被创可贴遮住的"打工人"张小盒。

张小盒并不是一个真正的人，而是陈格雷、陈东、小黑等人在 2006 年创作出来的漫画人物。这个看上去有点呆的小人儿，在短短半年内成为诸多白领追捧的"当红小生"，打破了外界对于"白领"的看法，展示了真实的白领日常。

张小盒轻而易举地敲开了封闭在钢筋水泥中许久的白领的心门。为何张小盒能有如此大的魅力？他又是怎样出现在大众视野的？这一切还得从他的"形象代言人"林小能说起。

林小能，男，广告专业毕业。在成为张小盒的形象大使兼媒体发言人之前，林小能曾在福州的房地产广告公司做过两年广告文案。房地产广告的"套路"大都一样，无非是"学区""地段""周边设施"，这对林小能来说实在缺乏吸引力，他觉得自己满腔的抱负与热血只用在宣传房地产上有点可惜了，他还想再为广告创意的理想再努力努力。

于是他跑到广州，入职了一家创意广告公司。这家公司的老板就是陈格雷，也就是张小盒的创始人。在这家广告公司，林小能兼做两份工作：一是广告文案的撰写；二是客户服务，负责与客户沟通，也是现在行业内俗称的 AE○。

2006 年，林小能离开广州，一个机会让他没做任何思索奔向北京，在一家互联网公司做创意编剧，设计网络上第一代聊天里的动漫传情。

林小能对于广告创意有着独到而敏锐的眼光。2006 年 11 月，他在"若邻网"看到了一篇名为《便携的面板可以卖广告，真是好创意！》的文章，介绍了一个美国女孩把电脑的一块面板作为广告位出售的事情。

林小能被这个创意深深吸引，不久后也模仿这个女孩，在"若邻网"上发布了一条"谁支持我 5000 元买笔记本电脑？帮他实现价值 30000 元以上的广告效果"的信息。结果根本没有人理会，甚至还有人骂他。

为了把这件事做成，林小能不断邀请自己的朋友加入。一旦有人赞助，林小能和他的朋友们便会在各自的社交媒体上进行分享传播。后来，这件事引起了一些公司的注意，在和所有有意向的公司聊完后，林小能与盒子动漫社达成合作意向。

盒子动漫社同意给他 4000 元买笔记本电脑，而他则从 2006 年 12 月 25 日起，连续 6 个月在他的博客、即时通讯、视频、邮件签名、笔记本包及电脑面板上，加入动漫社最新的卡通形

○ AE 是 Account Executive 的缩写，是指在广告公司中执行广告业务的具体负责人。在广告公司内部，AE 其实就是客户代理，对广告客户的性质、经营方针、政策、营销的商品、顾客、竞争对手、广告预算等情况，都要有比较深入的了解和研究。

象"上班族张小盒"。

事实上，这个大胆的举动并不是巧合，而是林小能策划的一个独特的广告营销方式。事实证明，这个营销方式既冒险又新颖，很快帮助张小盒这个形象在互联网领域"火"了起来。由此，林小能被任命为张小盒的形象大使兼媒体发言人。

在林小能看来，每一个人都是广告传播的主体，每一件事物都是广告传播的媒介，QQ、论坛、博客，甚至房屋的墙面，都可以用来做广告宣传，只要广告内容足够有创意。抓住了当时互联网刚刚兴起的红利，林小能很快把张小盒打造成了风靡网络的人物。后来，林小能和团队又陆续推出张小盒的女同事莉莉盒、男同事黄阿狗、老板VC高等形象，将白领们乏善可陈的生活鲜活地展现出来，用冷幽默的方式对上班族的艰辛与无奈进行吐槽。

于是，各种各样的媒体开始报道张小盒的事迹，前后大概有一两千家媒体报道，还有一百多家媒体连载张小盒的漫画，出版社也找上门来要出版张小盒漫画书籍。某文化公司还打造出张小盒系列话剧，在北京、上海等邀请演员在话剧院演出了400多场。

一时间，林小能与张小盒这两个名字风光无两。

林小能认为，人们生活在很现实的世界里，但常常会产生一些幻想。而动漫，或是其他文化作品，能给人们提供一个幻想

第一章 奔涌吧，后浪

的空间，让人们有了能做梦的权利。电梯停下后可能蜘蛛侠会上来，心情不好时看《蜡笔小新》会释怀，与恋人分手时《麦兜》会给你启迪……这都是林小能推广张小盒的初衷，他希望人们也能够通过张小盒获得些什么。

"大家好，我是张小盒，擅长加班，不擅长追女孩，不擅长讨好老板。"这是张小盒的一句开场白，发生在张小盒身上的事几乎包含了所有白领的快乐、郁闷、期望，甚至"坏心眼儿"。张小盒漫画让众多白领找到了心灵的共鸣，他们称自己为"盒子"，建立了 QQ 群、MSN 群，在社群里一起交流生活和工作。

"是张小盒让我们熟悉起来，闲暇时大家一起唱歌、打球，很多压力被抛在脑后。"

"大家工作累了的时候就在群里闲聊几句，很多话题是和周围同事不能说的，但是可以和'盒子'们交流。"

"有共鸣的东西应该是大家都喜欢的，张小盒就像是我的一个玩具，天真的孩子总是喜欢和别人分享自己的玩具，然后再夸耀一番。"

"张小盒就像自己，工作的压力让生活的圈子越来越小，让失去的朋友越来越多，让爱好越来越少，让精神越来越差。面对职场，我就像一只落入水中的虫子，在努力挣扎。"

……

这些都是"盒子"们的留言，看到这些，林小能十分感动。

当理想撞上现实

人们常说"名利双收",但对于 2007 年的林小能来说,"名"有了,"利"却不知从何而来。尽管林小能和团队从来没想过靠张小盒去赚大钱,但经营张小盒这个形象需要资金,纯凭理想去做,很快就会将团队的热情消耗殆尽。同时,为了维持对张小盒漫画的创作,当时的团队还利用无形资产做抵押,在银行贷款 300 万元。对于如何还上这笔贷款,林小能并没有清晰的规划。

当时人们对"IP○"变现的理解远不如现在这么深刻。怎样通过这个虚拟的人物获得真实的报酬,成为摆在林小能面前的头等大事。林小能几乎找遍了能够找到的所有投资人,但所有人都会问一个问题:"你到底怎么变现?"投资人在选择投资对象时需要能看到回报,如果没有变现模式,知名度或影响力再高,都无济于事。这是很现实的商业法则,对于林小能这个比较理想化的团队来说,无疑是当头棒喝。

作为团队对外交流的核心,林小能开始参加国内的各种论坛,发现其他的动漫 IP 同样也存在变现难的问题,或许对于文化产业来说,变现本就是一件不那么直接和简单的事情。2009年,林小能到杭州参加阿里巴巴的企业宣导会,他认为这是一个机会。阿里巴巴提出了一些新的合作方案,比如通过动漫授权来

○ IP 是 Intellectual Property 的缩写,中文意思为知识产权。

开网店，与达人合作推广产品等。但阿里巴巴并没有立刻施行这个计划，这也不是阿里巴巴的重点项目。在满怀欣喜地等了两年之后，林小能最终等不下去了。

林小能思考了很多变现方法，包括且不限于：做电商、做电影、出版、广告营销。做电商，依靠研发张小盒衍生产品，销售产品盈利；做电影，将张小盒动漫搬上大银幕；出版，通过版税挣钱；广告营销，利用自身影响力帮企业宣传。林小能将这些方法全部尝试了个遍。在2013年时，林小能终于拿到了天使投资，选择通过研发张小盒衍生产品，利用电商的方式变现。

能够与张小盒形象结合起来的产品有很多，比如快消食品、服饰、箱包等，那么到底做什么好呢？最终，林小能把产品锁定在旅行箱上。为什么？林小能总结了两点：第一，足够垂直。旅行箱是白领使用较为频繁的日用品，出差、旅行都会用到，这与张小盒的受众群体是相符的。第二，供应链简单。在生产上，旅行箱的供应链不那么复杂，林小能不需要再耗费大量精力去做管理与连接，比较省时省力。

旅行箱推出后，很快大获成功。于是，林小能决定以旅行箱为核心突破点，先在旅行箱市场上成为一个领先市场的轻奢品牌，再结合产品创新，有限扩展品类，围绕潮牌特点做产品，引领时尚潮流。

林小能和团队最终想走出一条不同于迪士尼的"迪士尼路线"。迪士尼的商业模式是先用动画和电影打造IP，再创作衍生的周边产品，紧接着打造主题乐园或动漫传媒，形成一条完整的商业链条。但在中国，动漫商品化的速度远远快于原创动漫电影化的速度，好市场已经先于好作品成熟了，所以产品的核心还是创作优质动漫内容，围绕内容打造产业化的国产优质形象。

最终林小能成功了，他们生产的旅行箱等衍生品年销售额达到了 5000 万元，并且逐年递增。

虽然林小能在各种尝试与琢磨中取得了成功，并且所获成绩也足够稳定，但这种成功并没有让他收获太多的满足感。变现的路子一个又一个，林小能觉得自己就好像流水线上的工人，按照前人探出来的路子中规中矩地完成额定指标——他的手脚很忙碌，但他的大脑好像慢慢停滞了下来。

广告出身的林小能骨子里还是存有广告人的那股劲儿，他想让自己的大脑再次高速转动起来；他想要看到五彩缤纷的创意源源不断地落在屏幕前、白纸上；他想要重新感知输出创意时的生命力，好像只有那一刻才能真正地满足自己。

在理想与现实的碰撞中，林小能看似获得了很好的平衡，既能够有金钱上的收益，也能持续运营张小盒这个 IP，但更关注如何赚钱时，创作就会变得不那么纯粹了，所有的产出都开始围绕变现的逻辑和数据进行，最终林小能感到心力被消耗殆尽。

"好像一直在创作，又好像一直没有创作"，我与林小能在厦门碰面时,他这样评价了当时的这段经历。所以,在 2019 年年底,林小能向团队提出暂时撤出团队。

当父亲遇上绘本

离开动漫事业的林小能决定进军绘本界。这个决定萌生于角色的转变——他成为一名父亲。

2016 年,林小能收获了自己的贴心小棉袄。女儿的出生为他带来了久违的喜悦感,工作之余带孩子的时光成为他"续命"的良药。在女儿出生之前,他请教了许多在教育领域工作的好友,并为自己设计了一份几近完美的"奶爸计划",其中一项就是坚持为女儿读绘本。

从女儿咿咿呀呀还不太会表达情绪的小毛孩儿时期起,林小能就雷打不动地利用睡前时光,借着绘本向她介绍着这个世界。365 天中,奶爸持绘本"上岗"的日子就有 300 多天,如此庞大的阅读量,让林小能欣赏到了非常多的优秀绘本作品。在此之前,林小能从来没有真正认真接触过绘本作品,虽然他们也做过表情、做过漫画,但绘本里的故事似乎是完全有别于它们的世界。

曾经做张小盒的故事,无论是漫画还是话剧,他们总要去思考大众的笑点、大众的痛点、大众的泪点,在试图表达自己的观点时，又要去思考自己这句话有没有双关，那句话是否足够精简……

的确，这种与陌生成年人相互试探的头脑风暴会令人上瘾，但也容易在短期内迅速掏空自己，灵感枯竭与文思泉涌就像是月相的盈缺交替，总是接力一般地"光临"林小能的大脑——这是他曾经认为创意输出者必须面对的拉扯。可是现在，他好像打开了一个完全不一样的世界。

在面向孩子的这个世界里，故事不必非要一波三折，观点不必非要犀利，每一样事物都可以以最坦诚、直接的方式表达善良与爱意。浪漫可以是一朵玫瑰，也可以是一只老虎——为什么老虎也可以表达浪漫呢？这一定是大人才会质疑的问题。但是绘本里不需要告知答案，只要它这样表达出来，看到的孩子就一定能感受到这一点。林小能觉得，自己好像比孩子更爱绘本里的那个世界。

渐渐地，林小能体内那股渴望输出的"馋劲儿"按捺不住了。女儿慢慢长大，马上要开始新的人生阶段，他需要更多的精力与时间陪伴女儿。林小能隐约觉得自己已经走到了一个岔路口，这似乎就是他冥冥之中一直等待着的一场机遇，只要他勇敢地迈出一步，他就可以脱离这个消耗了他多年的困境。也正是在告别并肩作战的团队的 2019 年，林小能开始了自己的绘本之路。

第一章 奔涌吧，后浪

近三年的绘本阅读，让林小能摸清楚了绘本创作的结构。他通常都是一个人完成文案，一个人画，这种分工让他又回想起了最初自己做广告工作的时候。做张小盒的时候，他并不是主要的创意输出者，陈格雷的文案能力很强，这是自己当初一直有所欠缺的技能，也是他一直想要提升的能力。经过十多年的磨砺，即便他一直没有太真正动过笔，团队做过的项目、拼搏过的经历、阅读过的剧本，也全部都变为他辛苦积累下来的养分，现在是孕育一颗新种子的时刻，他摩拳擦掌，蓄势待发。

故事到这里就结束了。是的，林小能在绘本领域是否成功，我不得而知。他还奔跑在实现梦想的路上……

这个世界有"你们"，也有"我们"，还有"他们"，这个世界本就是大江奔涌，后浪推前浪，一浪更比一浪强。那些口口声声"一代不如一代"的人，应该看看这些年轻人为自己梦想而活的模样。

虽然在许多陈旧的观念里，总有"一代不如一代"的论调，但是世界一直以来的进步与发展，却始终在用事实证明着年轻的力量。年轻人身上特有的反叛与幼稚并非什么"洪水猛兽"，那些失败与错误也不过是时代创新与进步的代价。过来人不妨尝试着去倾听年轻人、理解年轻人，年轻人也不必再在自己的想法前踟蹰不前，从来没有年轻人必须对前辈们言听计从的"铁律"，青年一代生来就该有"天变不足畏，祖宗不足法，人言不足恤"

的气魄和格局。

"你的时间有限,所以不要为别人而活。不要被教条所限,不要活在别人的观念里。不要让别人的意见左右自己的内心。最重要的是,勇敢地去追随自己的心灵和直觉,只有自己的心灵和直觉才知道自己的真实想法,其他一切都是次要的。"希望每一个年轻人都能牢记乔布斯这段话。

第二章 像"战场"一样的职场

晓 萌

想要的东西，
自己
踮着脚拿

虽然"男女共擎一片天"已经得到了更多人的认可，但职场女性仍需承受更多艰辛，晋升之路充满荆棘。

我是一名男性，但我依旧对女性在职场上的困境感同身受。晓萌是与我关系很好的一位女性朋友，我亲眼见证了她在职场上不断面临困难，又解决困难，一路成长，一路突围。

当她还是一名职场"小白"时，职场性骚扰曾困扰她许久；当她自己创业独自打拼时，女性领导者的优势与劣势如何转化，也令她烦恼；当她年岁渐长时，家庭与事业如何选择，更令她头疼。但她都能够直面这些问题，最终令她强大起来。

与职场性骚扰正面相逢

阳光照不到的地方,总是有我们难以窥见的阴暗在蛰伏、蔓延着。职场性骚扰是许多年轻女性初入社会面临的第一大难题。性别的差异正随着女性教育水平和能力的提升逐渐被抹平,但现实情况却是女性仍然会遭受职场性骚扰。

晓萌毕业后进入金融行业,面对的客户几乎都是男性。有些客户打着邀请她去别的城市玩,或者参加一些活动的幌子,暗示要与她私下进一步交流等。

面对客户的"暗示",晓萌总是能挡则挡。比如,有一次晓萌约客户沟通业务,客户说晚上有一个饭局。晓萌表示饭局前或饭局后沟通业务都可以,或者改天也行。但客户却表示要晓萌一起参加饭局,晓萌推脱不过只好答应。在饭局上,客户总是有意无意地"灌"晓萌喝酒,晓萌总是巧妙地回避掉。

类似这样的客户还有很多,他们言语挑逗、动手动脚、威逼利诱无所不用其极。晓萌明白拒绝这些客户,就意味着合作的终止,但她宁愿不与这样的客户合作,导致她被许多客户拉黑过。

刚刚从象牙塔踏入职场的年轻人很容易受到来自上位者的职场性骚扰。一些上司或者客户,利用职位之便,欺负年轻女性涉世未深。由于年轻人社会经验不足,首先,难以分辨关心、暧昧与骚扰;其次,她们无力反抗,常因为担心个人形象或职业发展而忍气吞声。

晓萌不止一次对这样的职场环境感到失望。我以为她会因此辞职，但她并没有，反而更加努力地继续在金融行业打拼，在思考怎样将业务做得更好时，也时刻注意着不落入他人的"陷阱"。

这是为什么呢？因为这是晓萌热爱的事业，从上大学起她就在朝着这个方向努力。为了进入金融行业中的头部企业，她制定了一套个人发展规划，她已经努力了大半，不想因为他人的错误便放弃自己的选择。

晓萌无法左右客户的想法，她能做的只有不断提升自己的专业水平："你知道吗？当我努力'武装'自己，把工作做到最好，并且不在任何场合露出我的怯懦之后，职场性骚扰反而减少了，到后来甚至没有了。因为在那些人眼中,我不再是一个可以随便欺负的小女孩,他们想骚扰我,也得掂量一下后果。"

后来,晓萌的业绩非常好,几乎每次季度考评她都是第一名。当她能够为客户提供巨大价值时,便不再有客户敢打她的主意了。事实上,当一个人自身强大之后,就犹如有了"护身符",外界的"牛鬼蛇神"都无法靠近。

几年后的一天,晓萌在向我讲述这些事情时,她表现得很淡然,但我知道在最初接触这些事情时,她也曾惊恐、害怕。

晓萌希望通过我向所有人传达三点,当然,这也是我想告诫大家的。

一是要坚定地维护自己的权益,以强硬的态度拒绝骚扰,不要因为顾虑、胆怯而模棱两可,以免对方变本加厉;同时,保留相关证据,以便保护自己的权益。

二是强大自己的内心,做一个思想独立的人。不要顺应那些势高者的思维而妄自菲薄,当我们真正理解并认识到自己与生俱来的价值与权利时,就会有直视一切黑暗的底气。

当然,我强调要让自己强大起来,并不是说弱小者该被欺负,而是在无法改变他人的情况下,我们可以先改变自己去规避潜在的风险。

三是不用过分执着于人性的丑恶和阴暗,万物有参差。不要因为这世间存在丑恶的人就怀疑多数人的善良;不要因为这世间存在污秽就不再相信美好。我们的人生与眼界不应该被这些污泥局限,我们才是自己人生的主人,不必被污泥绊住手脚,丧失抓取好运与福报的信念。

把握女性领导者的优势

虽然晓萌在金融行业做得风生水起,但按照之前的规划,她还是希望能够自主创业。晓萌很快从金融企业辞职,创办了自己的公司。

此时,晓萌的身份发生了巨大转变,她从一名职场员工转变成为领导者。女性在做领导者时,既有其优势,也有其劣势。从晓萌身上,我看到了许多女性领导者身上的闪光点。

以柔克刚

老子的《道德经》中曾说:"上善若水。水善利万物而不争,处众人之所恶,故几于道。"

女性擅长以柔克刚,晓萌会用自己的温柔和从容化解冲突。在商务谈判中,与客户相持不下,陷入胶着状态时,晓萌往往能打开僵局,而且不伤双方和气。女性身上温柔的特质能让晓萌在谈判中保持冷静与从容,在面对对方的步步紧逼时,也能保持情绪稳定。

每当谈判陷入僵局或矛盾一触即发时，晓萌都会及时转换话题以缓解紧张的气氛。她认为咄咄逼人的态度只会让局面变得更糟糕，与其针锋相对，不如采取迂回策略，以退为进，以柔克刚。

晓萌曾经遇到过一个客户，早在谈判前，她就听说这个客户要求很高，喜欢"鸡蛋里面挑骨头"，许多想与之合作的企业都输在了谈判环节上。为了啃下这块"硬骨头"，晓萌熬夜加班搜资料、备方案，直到谈判那天。

初次见面，晓萌就感觉对方性格比较强势。果不其然，在谈判中，他给出的价格低于晓萌能接受的底线，而且态度咄咄逼人。在他看来，晓萌的公司才刚刚起步，他的这笔订单对晓萌来说就是"恩惠"。

面对客户高高在上的态度，晓萌并没有失去耐心和冷静，而是再次表明立场，委婉地拒绝了对方的报价，并语气柔和地对他说："×总，虽然我们公司才成立不久，但其实在这个行业，我和我的几名老员工都经验十足。如果您是不认可我们新员工的实力，才给出的这个报价，我可以理解。但现在我们内部安排了老员工负责您的项目，在专业实力上，我们是业界标杆。对于您给出的这个报价，我感觉有些不妥。"

或许是因为晓萌温柔的语气，对方的态度好了些许，在听完晓萌的话后，他并没有迅速反驳并离席而去，而是在冷静思考后，向晓萌抛出疑问："那你们能够接受的价格是多少呢？"晓萌顺势说出了自己心中拟定的价格，微笑着向对方阐述自身企业的优势。

谈判结束后,虽然对方没有与晓萌确定合作意向,但晓萌还是以女主人的姿态,贴心地为对方订了晚餐与酒店。在吃饭时,晓萌会适当放低自己的姿态,与对方亲切交谈,展现自己的亲和力。

几天后,这位客户又找到晓萌,几经考虑后,他还是决定与晓萌合作,并想马上签下合同。最终,这场谈判以双赢结束。

细节管理

大多数的女性领导者都会被问到这样一个问题:"怎样才能管理好一家企业?"

对于这个问题,晓萌给出的答案是两个字:细节。什么叫细节?细节就是企业管理中的微小环节。

在20世纪80年代中期,大部分领导者关注企业内部的生产管理,致力于提升产品质量和工作效率,认为"时间就是金钱""质量就是生命";在20世纪80年代后期,领导者开始关注市场,认为"市场如战场";在20世纪90年代中期,领导者又开始意识到战略的重要性,开始纷纷制定企业战略;2002年以后,管理则从整体回归局部,求真务实、脚踏实地的管理被重视起来,一直到现在。细节管理已是众多企业管理方法论中不容忽视的一个概念。

事实上,晓萌就是那个重视细节管理的领导者。

晓萌的书架上摆放着好几本关于细节管理的书，闲暇之时，晓萌便会翻阅温习，提升自己的细节管理能力。除了日常学习，晓萌发现在细节管理上，自己天生有着女性特有的优势：心思细腻，在考虑问题、制订计划时更细致、全面、贴合实际。在这个重视高品质化的社会，几乎所有岗位都要求在职者拥有细节管理能力，领导者更不例外。可以说，女性这一优势将大有可为。

都说女人"敏感"，其实那是一种心思细腻的表现，是一种善于观察细节的能力。

要想时钟走得准，必须得精准控制秒针的运行。在企业管理中，若领导者只关注大的方面，而忽视小的环节，结果必然是"千里之堤，毁于蚁穴"。

晓萌的关注点始终是那些决定企业命运的关键细节，比如客户的反馈、方案的设计、人员的培训等。这也与企业性质相关，晓萌所创办的企业直接面对广大年轻顾客，最重要的就是顾客口碑，他们"赶走"了一个顾客，就相当于"赶走"了其背后隐藏的250个顾客㊀。所以，晓萌十分重视顾客的反馈，一旦有顾客反馈不满意，晓萌就会亲自与顾客交流，倾听顾客的意见。

时间也印证了这种细节管理是有效的：晓萌的企业越做越大，客源越来越多。

㊀ 美国著名推销员乔·吉拉德在商战中总结出了"250定律"。他认为每个顾客身后，大体有250个亲朋好友。如果你赢得了一个顾客的好感，就意味着赢得了250个人的好感；反之，如果你得罪了一个顾客，也就意味着得罪了250个人。

同理心强

女性天生具有较强的同理心和感受力,能敏锐地感受他人的情绪,也更在意别人的感受。在工作中,女性更愿意换位思考,也更愿意给对方留一些余地,做到得理饶人。

在晓萌看来,工作中的谈判对象或许会成为未来的合作伙伴,比起一锤子买卖,她更愿意与对方合作共赢,并达成长期合作。每次谈判前,晓萌都会做好充分的准备工作,做到知己知彼。在谈判过程中,晓萌也会体谅对方的难处,尽管有时对方会无理取闹,晓萌也会顾及对方的面子,给对方台阶下,尽量在和谐、友好的氛围中与对方成交。

除了外部对接,在对待内部员工方面,女性领导者也更具优势。

曾经有一个员工刚入职不久,由于缺乏相关经验,在工作上犯了很低级的错误,待这位员工意识到问题时,文件已提交给晓萌,修改也来不及了。

为此,这位员工辗转反侧、夜不能寐。第二天一早,她决定去晓萌办公室主动承认错误。令人诧异的是,晓萌并没有让她难堪,而是在听完员工的认错后,给了这位员工一个"台阶"——"小问题改正了,以后才能避免出现大问题,经验都是这样累积的。"

一件小事,让晓萌的员工铭记于心,从此决心为她效力。

从晓萌身上,我看到了女性领导者对于自身优势的完美把握。女性在职场上一步一步向上攀登时，可以巧妙地运用自身优势。

家庭与事业怎么选

在人生的舞台上，每个女性都要扮演多重角色。在孩子面前，女性是值得依赖和信任的母亲；在配偶面前，女性是善解人意、相互扶持的妻子；在父母面前，女性是孝顺、懂事的女儿；在朋友面前，女性是真诚、热情的友人；在上司面前，女性是对工作兢兢业业、一丝不苟的下属；在下属面前，女性是带领团队勇往直前、创造佳绩的上司……

于是，在某一个方面具有突出优势的女性，便会被其他人询问"如何平衡这些角色"。晓萌在事业上很成功，经常有人问她："你是如何平衡家庭与事业的？"很多人认为，女性想要成功，就要平衡家庭与事业，甚至放弃家庭，专注事业。可是，在晓萌看来，"家庭和事业的平衡"是一个伪命题。因为，对于她来说，家庭与事业并不是对立的关系。

首先，晓萌觉得很奇怪，为什么从来没有人问过男性"如何平衡事业与家庭"？而一名女性，要是选择做全职太太，即使她把家庭事务打理得井井有条，但还是有人认为她在花丈夫的钱，就必须卑微地看丈夫的脸色过日子。如果这名女性事业有成，有才华、有见识，可只要她没结婚，就会有人觉得她的人生不够圆满；当这名女性结了婚，还事业有成时，又会有人问她"如何平衡家庭和事业"。

其次，这个问题本身就带有对女性的偏见。能平衡自然好，但为什么社会只要求女性达到这种"平衡"？在被问到"如何平衡"时，晓萌会回答："不需要平衡，平衡是相对的，没有必要为了平衡而平衡，什么时间做什么事即可。"

许多女性误认为事业和家庭一定要平衡，一旦做不到就认为是自己能力不够。于是，有些女性每天早晨6点钟准时起床，给孩子洗漱、做早饭，送孩子上学；晚上下班后，放下包立刻陪孩子玩，和孩子一起做益智游戏，希望给孩子"高质量陪伴"；孩子睡着后，自己再默默加班，直到凌晨才休息。

但即便如此，她们还是难以兼顾好工作与家庭。在公司里，她们老是惦记孩子，为无法一直陪伴着孩子感到内疚；回到家，她们又开始后悔自己今天没有在公司做出突出贡献。

在这样的循环往复中，她们越来越累。

在二十多岁，人生的黄金时期，晓萌一心发展事业，将大部分精力放在事业上，努力开辟出自己的一方天地；等到时机成熟，晓萌必然会分出一部分精力给家庭。这就是每个人、每个阶段所面临的不同境况，处理好当下的事情，便已经足够了。

大飞哥

生活不止有"996"

在 2019 年的初春,一个名为"996.ICU"的项目在网络上慢慢流传开来,引发了一场轰轰烈烈的讨论。"996"代表的便是早上 9 点钟上班、晚上 9 点钟下班,一周 6 个工作日的工作制度,它反映了当时互联网企业盛行的加班文化。诸多互联网公司的员工逐个吐槽自家公司"996"的工作制度,用一个又一个无奈的事例控诉因这样的制度带来的"996.ICU"危机现象。

很快,官媒针对这样看起来令人窒息的工作制度发表了评论员文章《强制加班不应成为企业文化》,诸多互联网公司巨头也纷纷随后表态。

我们抗拒"996",批判"996",可现实却好像是越来越多的人摆脱不了"996",甚至许多企业及个人在加班问题上"卷"了起来,以至于"卷"出了更夸张的"007"工作制度。

这样的"内卷"真的是年轻人应该奋斗的方向吗?

拒绝"996"的第一步：永远热爱生活

"996"，已成为一个让众多年轻人闻之色变的话题，一个在网络上掀起一阵又一阵讨论热潮的话题，一个为不少在岗位上奋斗的人带来巨大压力的话题。

记得学生时期，每每大家凑在一起讨论未来的职业选择时，无非都是关于薪资、工作地点、出差频率等问题的考量。而现在，年轻一代无疑要在这样的讨论里加上两条——加班频率和双休。

如果总是加班，但是能安排调休，似乎也不是不能接受；如果没有双休，但是不会要求出差，并且能给出预期内的工资，好像也可以考虑……诸如此类的权衡从不会缺席大家的讨论。然而，大飞哥不思考这些，因为他坚定地拒绝诸如加班、单休等约定俗成一般的"内卷"。

认识大飞哥的时候，我刚刚进入腾讯，他是和我不同部门的前辈，但却依旧成为我实习期的小半个老师。这是大飞哥身上第一个令我感到万分神奇的点，他好像什么都懂、什么都会，就像一个移动的百科全书，几乎任何问题在他这里都不是什么难题。而在我和他成为朋友，开始在工作之外的生活场景里与他有更多交际之后，这种神奇感则更加浓重地包裹住了我。

熟起来之后，我将这份从初相识起就一直困扰着我的问题问出了口，大飞哥似乎完全没有预料到我会有这样的疑问，思索片刻后，歪着头说："我没有想过这个问题，你不会是在变相吹捧我吧？"

事实上，我在不久后就自己找到了答案。他会成为我眼中的"百科全书"，很大程度上源于他非常喜欢在业余时间里深度感受这个世界。

他对许多艺术都保持着一份向往与好奇：他愿意买一张票歪在茶馆里听相声，喜欢耳边时不时会亮出些远近错落的叫好，掩过台上半句词，却偶尔能挣回三两句精彩的现挂；也喜欢端坐在剧院的沙发椅上欣赏音乐剧，看着来自天南海北的听众们大方地在每一个精彩的收尾后热烈鼓掌，又万分默契地在下一句开口前收起掌声；那些年轻人扎堆的电影院与演唱会现场，自然也是他常去的地方，享受着不一样质感的音箱里传出的却是相似的满足与幸福感。

在这些闹嚷之外，朱墙内那些飘摇了千百年的历史低语，书架上那些还透着油墨香的新兴思潮，垂柳下那些带着湿气的娴静时光……所有这些沉静的地方仍然少不了大飞哥的身影。

奔波在城市里每一个角落的人，怎么可能懂得少呢？

古人常念"读万卷书，行万里路"，我想这句话一定是被深深地刻进了大飞哥的脑海里。一个闲不下来的人，一个热衷于用自己的脚步丈量北京城的每一寸的人，他该怎么满足自己向往接触一切的心呢？那当然是为自己留出尽可能多的可自由支配时间。

大飞哥并没有在我面前承认过自己对"996""内卷"的"深恶痛绝",是因为他自己想做的事情太多。他曾十分认真地告诉过我:"我不想错过自己的生活。"

生活,个人生活,它已经被多少人遗忘了呢?我们总记得自己要在职场奋勇向前,向周围人有模有样地学习着可以在职场上大展拳脚的工作之道,可是却常常记不起来自己的生活在哪里、已经变作了什么模样。大家自然而然地将时间分配给工作,哪怕心里其实是对此颇有抱怨的,但行为上却还是自觉地做出了这样的安排。将时间分配给自己的个人生活,在不知不觉间已经被大家默认为是一件奢侈的事情,甚至成为一个略显辛酸的"玩笑"。

"我认为自己的生活是非常重要的,我们工作是为了可以更好地生活,如果我连一个让自己感到放松和享受的生活都不能拥有,那么我的工作又有什么意义呢?"

生活第一,工作第二,一旦做出了这样的决定,拒绝"996"似乎完全是顺理成章的事情。

拒绝"996"的第二步:保证高效输出

或许许多人会无奈地表示:自己也很想好好地重视个人生活,无奈工作任务总是不给自己"任性"的机会。

我曾看到过一个采访视频，视频里一位二十多岁的互联网公司员工摇着头向镜头无奈叹道："晚上11点钟下班是常态，还经常有夜里12点钟以后需要到单位加班的情况。"她说，即便是凌晨赶去加班，路上还是偶尔会遇到堵车。

这座城市究竟有多少人长夜难眠呢？似乎太多的人为了工作在透支自己的身体。

心理咨询师王春谊在一次访谈中提到了现在的职场人愈加"内卷"，并为此焦虑的三大原因："一是现在整个社会的变化频率高，我们身边的社会结构、生活场景、工作内容等都在快速变化；二是生活工作节奏快，人们都在高速运转；三是信息干扰程度高，人们往往处在信息过载的情境中。"

的确，上述这些是造成如今职场人越来越压缩自己的生活时间的最大原因，但事实上，这也等同于在向我们敲响警钟：我们是否也应该为自己完成一次升级呢？

环境在变，一切都在飞速迭代，我们又怎能心安理得地停滞不前？内容多了，任务重了，我们自己就要督促自己在工作上提速，而不应该继续慢悠悠地拿着以前的旧速度面对现在的新环境。停留在原地的结果就是会被甩下，被取代，只有一直都可以随时适应全新跑道的人，才会在被筛子筛出的那捧金里。

如果说，永远热爱生活是大飞哥拒绝"996"的动机与决心，那么保证高效输出就是大飞哥拒绝"996"的底气。要知道，纯

第二章 像「战场」一样的职场

粹凭借一腔看不实、摸不着的对生活的热爱，我们很难将自己的设想落地。换句话说，我们肯定没有办法在自己当天工作没做完的情况下准时下班。而绝大多数情况下的加班，其实都是因为工作没有在约定的期限内完成。

我也好奇过大飞哥是否会被这样的问题所困扰，但他似乎完全不存在这样的烦恼："很简单，提高效率。"

大飞哥的确是一个高效的人，从学生时期起就是如此，而这一优点等到大飞哥真正成才，来到职场，又得到了更加淋漓尽致的发挥。

生活时间对于大飞哥来说的确是放松、享受的时刻，但这也并不代表他的生活与工作就在两个毫不相干的空间里。大飞哥很少加班，但他从来没有放松过对生活细节的思考——因为热爱，所以习惯观察；因为观察，所以有余地、有内容可以供他思考。

顺着这个逻辑，大飞哥在生活中捕捉到了许多对他的工作大有裨益的细节。

比如，对于我们在大街上随处可见的红绿灯，许多人或许都会不由自主地在心里叹一口气："这么简单的东西，还能够思考出什么特别的来吗？"然而，在大飞哥眼里，这很有必要，于是他进行了认真的研究与思考。不久后，一个奇妙的现象被发现了，他在等红绿灯的人群中发现了一个很有"利用"价值的规律。

行人不遵守交通规则，横穿马路、乱闯红灯的乱象，或多或少我们都曾见到过。但经仔细且多次观察后，大飞哥就发现，那些看来无所畏惧地闯红灯的人，在闯红灯之前也仍然做过一道选择题。

"假设这个路口现在站着三个人，都在等行人的指示灯变成绿灯。如果这三个人都在等，哪怕现在面前的道路上没有一辆车，他们也大概率会等待；如果此时此刻远处再过来一个人，他们也大概率会留在原地一起等。可事实上，这四个人在独自过马路的时候，几乎从来没有顾及过交通规则，都有'没车就能过马路'的思想。"

大飞哥告诉我，这其实是一种从众心理："你一个人的时候，会完全按照自己的想法去做。但当你在一个群体，一个小群体里边，你会非常容易被别人的行为所影响。"

明白了这一点之后，大飞哥随即意识到这一逻辑可以运用在一些产品的设计中，如为社区类产品做牵引这一类的动作。

"因为这类 App 的某些功能与行为，就需要这种从众的逻辑与心理，但在这之前，我们可能不会立马琢磨出来这里面需要什么逻辑支撑，需要怎么实现，但生活中的细节往往有时候就能给我们搭上最后一条线。"

大飞哥表示，其实人类社会的很多技术与知识都来源于生活中的细节，这也是他经常在生活中进行思考的原因。他喜欢将自己捕捉到的灵感提炼出一个清晰、实用的逻辑，然后整理成一个小定理储存在自己的脑海中。这些定理或许会在某一项任务或某一次工作中使用到，也可能不会，但大飞哥就是习惯随时理解、随时存储，以备不时之需。

"在脑海里发生的这些思考，并不是我给自己布置的任务，我并不觉得做这件事在耗费我的精力，它对于我而言其实更像是一种条件反射，客观来说，这个过程也是我享受生活的一个窗口。"大飞哥坦言，这个习惯是他提高工作效率的绝佳帮手，因为很多思考、推论过程早就被他拆解在了生活与工作中。很多人面对大量问题要挨个从零开始思考，而他经常能跳过这一过程，直接使用结论。

我们崇尚奋斗、歌颂劳动，但这不意味着我们就很容忍，甚至是欢迎"996"的工作制度。埋头苦干是在奋斗，轻松巧干同样也是在奋斗。对于相同的工作内容，我们可以提高效率马上完成，那么为什么还一定要去延长工时呢？

拒绝"996"的第三步：尊重自我意愿

在关于"加班""工作"这类话题上，大飞哥与我几乎就是两个世界的人。我对生活没有那么浓重的情怀，虽然我也有许多爱好，也并不排斥各种休闲方式，但我没有他那么热爱且追求一个极致放松、完美的生活状态。我不是遗忘生活的人，而是主动让渡生活空间的人。同样的时间，我的确更愿意花在工作或者与工作相关的事情上。

"我这样的人应该是你的'宿敌'吧？在你积极下班的时候总还是一副卖力工作的样子，看起来似乎很故意的感觉。"某次难得与他一起下班，我半开玩笑半好奇地向他问出了这样的问题，"最近网上不是许多人在吐槽自己爱加班工作的同事吗？说那样的同事是在故意'卷'其他人。"

大飞哥望着我摇了摇头："我并不认为你在故意'卷'，另外，即便你是在故意这么做，我也没必要与你敌对，因为你并不会影响到我，我也不可能让自己这么容易就被你改变。"

现在许多人在提到"内卷"时都如临大敌，好像这是一个拥有魔力的东西，一旦靠近就将身不由己地踏入自己并不想要的"加班大队"中。我时常能看到一些网友的吐槽，说下班时间已到，自己的工作也早早就做完了，可是身边的同事都还在将键盘敲得噼啪响，老板也没有下班，于是自己就不敢下班了。哪怕自己已经无事可做，可是为了"融入"周围，还是不得不装出一副与周围人一致的焦虑状态。

为什么没有对方的威逼利诱，自己也做到了高效工作，可最终还是会陷入"被迫加班"的境遇呢？这一切都是因为我们太过在意他人给出的定义与标签了。

"其实我不是很认可现在大家讨论中的那种'内卷'，有一部分人可能确实表现出来的是将自己整个人都投入到了'996'一类的工作制度里，甚至有的人在工作岗位上百分之百地在燃烧自己。可是他们是享受的，他们享受自己这种为了工作全情付出的状态，并不是被周围的氛围或者自己的生活压力逼迫着不得不做出这种选择。"

在大飞哥的心里，尊重自我意愿是"反内卷"重要的一步。当我们太过在意他人怎么看我们时，我们往往就会忽视自己内心的真实需求。大飞哥是一个知足常乐的人，他会精打细算自己每一阶段的目标，只要自己目前的工作与状态可以保证目标的实现，他就不会再额外多争取其他的东西——比如当他只想三年内买下属于自己的房子时，他会把这个目标拆解到具体行动上，比如获得工作居住证和获得公司安居支持等。当需要有一个稳定的工作才能获得买房机会时，他便不会在意周围人通过跳槽来实现"升职加薪"的诱惑。

因为不在意，因为尊重自己当下的意愿，所以周围人陆陆续续升职或跳槽拿高薪，都不会让大飞哥感受到一丝一毫的焦虑与羡慕。这些成就算什么呢？在旁人眼中再重要，也没有他为自己设下的目标有意义。

当我们将自己的心态摆平了，自然也就不会再盲目地"被卷走"了。

老 韩

明天和
裁员，
哪个先来

温水煮青蛙的故事人人皆知，职场上的我们同样如此，一旦适应了工作的"温水"，不提升自己，总有一天被"煮死"。我无意制造焦虑，只是警醒年轻人应时刻保持危机意识。

老韩是一位"老互联网人"，今年42岁，2003年便进入互联网公司，是互联网裁员潮的亲历者，光鲜与失落他都经历过。时代的一粒灰，落到每个人头上，就是一座山。要想在职场上顺利走下去，年轻人需要不断思索。

不安分的互联网"老兵"

2022年的互联网行业陷入裁员浪潮中，无数职场人士被

第二章
像「战场」一样的职场

"优化""毕业"。裁员大潮滚滚向前,许多人的发展轨迹无可避免地发生变化。身处其中,老韩感触颇多。

他的一位朋友从成都到北京打拼,从小公司赚几千元,到大公司拿几万元工资,这位朋友花了十几年的时间。就在他以为生活会一直如此稳定的时候,他被公司裁员了。虽然拿到了裁员赔偿款,但他的房贷还等着还,孩子还等着养。在巨大的压力之下,这位朋友索性卖掉了北京的房子,带着一家人回到了成都。说到这里,老韩苦笑了一下。

老韩高中毕业就开始工作,一开始他在商场做销售,后来SARS(严重急性呼吸综合征,又称"非典")暴发,商场的效益直线下降。恰好他的高中同学告诉他有一家互联网"大厂"招聘客服,询问他是否愿意来。当然,这家企业在当时还不是互联网"大厂",只是一个初具规模的互联网企业。

老韩在这家互联网企业工作了11年,他从基础客服做到了中层管理。

入职后不久,老韩就从基础客服升为二线客服。他认为基础客服的工作太简单,对他来说没有挑战性,做了一段时间基础客服后,他主动向领导请求做更有挑战性的工作。领导见他工作完成得好,便同意了他的请求。老韩就这样一步一步,不断挑战自己,不断升职加薪,成为经理。

2013年,这家互联网公司内部架构进行调整,高层也不断博弈,老韩感到自身岗位晋升空间有限,于是他选择转岗。但转

第二章 像「战场」一样的职场

岗后，发现那个岗位也不适合自己，尽管十分不舍，老韩最终决定离职。

从互联网"大厂"离职后，老韩进入一家创业公司。老韩入职时，这家公司只有 40 多名员工，后来这家公司的员工数量飙升至 3000 多人。在这家公司里，老韩几乎从零开始，搭建了整个客户服务团队，老韩对此很有成就感。他是一个不安分的人，一旦老板说哪里需要人，他就会往哪里冲，以至于全公司的人都认识他。

与很多互联网公司一样，这家公司刚开始走的是"烧钱买流量"的路线。前期规模不断扩张，很多弊端被疯涨的数据掩盖了。但发展到后期，投资人认为那些流量都是假的，没有看到成效，便不愿意再提供资金，于是这家公司开始裁员，从 3000 多人裁到只剩下 200 多人。

裁员名单中没有老韩，但老韩认为自己拿着那么高的薪资，只管理十几个人的团队，问心有愧，于是便主动离职了。

我对此感到哭笑不得，我与老韩是忘年交，他比我大十几岁。但或许就是老韩这种既不安分，又不愿意问心有愧的性格，令我们成为忘年交。

老韩辞职后为了不让自己闲下来，有一天突发奇想注册了专车司机，开始了自己的"跑车"事业。"真是个不安分的人"，老韩的举动又一次印证了我心里的想法。

那段时间，他经常和我分享自己"跑车"时的所见所闻，虽然挣不到多少钱，但他总感到自己一次又一次地开阔了眼界。

35 岁门槛限制 + 办公室内部斗争，怎么办

"跑车"业务持续了一个月后，老韩准备再次回到互联网"大厂"。他与公司人力资源部门联系了一下，但其没有直接点明他的年龄大了，只是说"你的年龄不太好办"。老韩懂了，他已经过了 35 岁，在人才市场中不具有竞争优势了。

一个人进入职场的年纪通常在 20 多岁，而在不到 40 年的职场生涯中，一部分人升职加薪，成为管理层或核心员工；另一部分人却没有在职场上开辟出属于自己的道路。虽然老韩在每家公司都是管理层且经验丰富、能力强，但企业在选择时，还是倾向于选择更年轻的人。全国各地公务员考录年龄的上限一般也是 35 周岁，35 岁已经成为人们在择业时难以逾越的年龄坎。

因为 35 岁之后，人的生理机能会衰退，家庭压力倍增，体力、精力和效率可能都比不上年轻人。

就一般规律而言，每个人的创造能力会随着其认知的提升快速增长。人的创作能力在 20 岁左右非常强，在 30 岁左右开始衰

退，但由于经验的积累和对规律认识的增强，人的创造力会再次攀升，到 37 岁左右达到顶峰。

虽然 20 多岁的年轻人创造能力没有达到顶峰，但却是培养和开发的最好时期。此时年轻人的价值观和工作方法还未定型，企业能够对其进行塑造，使其逐渐符合企业的要求。同时，年轻人的职业生命更长，企业更愿意招聘年轻人，以求他们为单位做出更多贡献。

老韩深知自己的年龄不再具有优势，他只能退而求其次选择规模更小的企业。这次他依旧选择了创业公司。这家公司的规模并不小，老韩进去后负责管理客服部门。

然而在这家公司，老韩遇到了严重的办公室内部斗争。企业内部总是会出现各种各样的内部斗争，身处其中，我们往往无法避免地被卷入斗争。

老韩入职没多久，公司就空降了一位总监。老韩管理的部门需要与其他部门协调，在不自觉中，老韩触动了这位总监的利益。这位总监想了一个办法污蔑老韩，说他与其他部门的经理同流合污，一起贪图公司的财产。

为了维护自己的声誉，老韩直接当众宣布："我不干了！你说我和这个经理有瓜葛，那我就把我和这个经理的聊天记录发到群里。"

这样的做法实在很符合老韩的性格。他的眼里容不得沙子，于是成了办公室内部斗争的牺牲品。我并不提倡年轻人向老韩学习，在面对办公室内部斗争时，我希望年轻人能少说话、多做事，树立自己在职场中的威信，从而在办公室内部斗争中存活下来。

增强核心竞争力才是最终的出路

我所在的企业最近也开始裁员，有的部门甚至整个被裁掉了，虽然我不太担心，但身边的同事都隐隐有些紧张，企业内部风声鹤唳。

如何才能不被裁员？对此我和老韩的看法是一致的：无论是潜在的被裁风险，还是主动的职业变动，个人核心竞争力高的人，无论何时都不会害怕。

个人核心竞争力是指一个人不能被竞争者效仿，并能可持续增强的竞争优势。个人核心竞争力强的人，到哪里都不会被轻易取代。就像每家公司都有自己的独特资源，其他公司偷不去、拆不开、带不走、学不到。

如何提高自己的核心竞争力？最重要的就是走出舒适圈，把别人的高配变成自己的标配。

我从小便"泡"在网上，在互联网技术上有很大优势。但当我进入腾讯后，我发现身边的同事都在互联网技术上有优势，他们大多毕业于计算机专业，受过系统的教育，对互联网知识有着很深的见解。

在这种环境下,我的优势一下子变得不再出众。而我对工作中需要用到的其他技能都不太娴熟,比如写文案的能力、策划项目的能力。一开始,我写的文案被导师直呼"写的是什么垃圾"。这让我有了深深的危机感,我必须在这些方面不断学习,不然公司裁员时,第一个裁的可能就是我。

写文案、策划项目并不好学,我只能一次又一次地尝试,不厌其烦地拿着自己的策划案和文案给导师看,尽管前期总是被批评,但我没有气馁,从中不断地吸取经验和教训。这是一个走出自己舒适圈的过程,我喜欢做技术方面的工作,但我必须学习其他知识,如此才能在职场上立足。

如果其他人的高配,也就是他们的突出能力,成为我的标配,那么企业在选择人才时,肯定会优先考虑我,即使裁员,也裁不到我身上。当然,随着竞争不断加剧,我又要不断突破现在的舒适圈。

当下,我又开始接触新兴的互联网短视频领域,在工作之余一步一步摸索着做出自己的访谈栏目。虽然目前访谈节目的关注度不高,但我的成就感非常高,因为我又一次突破了自己的上限。

老韩也是如此。他从一个商场的销售人员转变为互联网"大厂"的中层管理者,是他一次又一次走出自己舒适圈的结果。他能够坦然地接受所有的挑战，并且通过不断学习，将其他部门的核心工作方法学到手，将其转化为自己的技能。

现在，老韩又入职了一家新公司。据他说，在这家公司工作，他目前还比较开心。我也为他感到开心，他的职业生涯一直都不是特别顺利，但我总认为他不会永远这样，或许这家公司就是他的转机。

第三章 人生没有什么是一定的

古乃草

生命，
折腾去吧

人应该怎么过完自己的一生？似乎没有人能给出一个标准答案。我们听惯了各种各样的大道理，但当真正面对各自的人生时，多半还是会更愿意听从自己的内心。

一个丰富多彩的社会，一定也应该有丰富多彩的人，他们在不同的社会舞台上尽情释放着丰富多彩的能量。于是，这个世界如此精彩。

在平淡的生活中寻找变迁

有一天，我非常想吃小龙虾，于是便约了当时负责同一个项目的女同事一起在中关村吃小龙虾。她还叫来了一个女孩，这个女孩就是古乃草，一名大学生。

我们一边吃小龙虾一边聊项目，这期间我发现古乃草与一般的大学生不太一样。过往我认识的大学生，会将全部心思都放在如何找更好的工作，如何获得更丰厚的报酬上。古乃草却不同，她不太愿意追求"大厂"的生活，不愿意成为一颗日日重复工作的"螺丝钉"。

《月亮与六便士》中有一段话恰如其分地形容了她的心境："平淡的人生好像欠缺了一点什么，我承认这种生活的社会价值，我也看到了它井然有序的幸福，但是我的血液里却有一种强烈的愿望，渴望一种更狂放不羁的旅途，这种安详宁静的快乐好像有一种让我惊惧不安的东西。我的心渴望一种更加惊险的生活，只要在我的生活中能够有变迁——变迁和无法预见的刺激，我是准备踏上怪石嶙峋的山崖，奔赴暗礁布满的海滩的。"

"在平淡的生活中寻找变迁，感受无法预见的刺激与惊喜"，在结束这顿龙虾大餐后，我仍细细回味着这句话。正因如此，古乃草常常有着与他人不一样的视角。说说餐桌上我听到的故事吧！

大学暑假，古乃草和闺蜜相约到云南旅游，发现西双版纳的夜市上有许多阿姨在售卖手工饰品。其中有一种耳环，是阿姨们用云南当地的玫瑰、风铃草等花朵浇上树脂做成的。古乃草和闺蜜瞬间就被吸引了，当即买了不少。

美好的事物人人都喜欢，古乃草想到这种纯手工制作且内含花朵的饰品，一定会有许多和她们一样的女孩喜欢。但这种饰品只在云南有，其他地方都没有，古乃草决定将其带回北京售卖。

她们在西双版纳的夜市上逐一询问售卖饰品的阿姨，然后添加了微信，和她们谈合作，希望阿姨们给她们提供货源。古乃草拿着相机拍了一上午，将图片发到朋友圈进行宣传。

一张一张地发款式图片，她们卖了一圈，小赚了一笔，两个人走在大马路上都会突然笑出声来。废寝忘食地在酒店推销和整理货物的两个人，点着外卖边吃边规划商业蓝图。旅游结束的当天，两个人冒着大雨去进货，差点没赶上晚上的飞机。

一天内，两个人的营业额突破了四位数。但是要想走得长远，还有许多难关要过。真花耳环是手工制作的，商品材质、品控、包装还有快递合作都是要费脑筋的事情。

品牌包装来不及做，但品控是基础，古乃草要求阿姨们只用925银，把仿生珍珠全部换成真的珍珠，不用雨季的花……只有这样，生意才能长久。

不久，快递平台也谈妥了，她们的饰品可以支持全国包邮。但包装是最头疼的问题，手工制作的真花饰品非常好看，可配上便宜的包装盒立刻显得廉价，所以她们又投入了更多成本到包装上，力求让包装上一个档次。

起步艰难，但过程快乐。在那个暑期，古乃草和伙伴们一共创造了七千多元的营业额。虽然开学后学业繁忙起来，但她们相约要用卖饰品赚的钱完成跨太平洋的飞机旅行。

艺术特长生冲击"清北"

与生俱来的"冒险"因子，在古乃草上高中后频频涌动。高二，古乃草就突发奇想，在湘潭街头做起了"一元钱"实验。她说服自己的表弟表妹在街上询问路人："叔叔／阿姨，能给我一元钱坐公交吗？"然后，她自己拿着摄像机将一幕幕场景记录下来。

对于这场街头实验，古乃草在社交平台上描述道："我们只是高中生，我们没有先进的设备与技术。但我们满怀热情，完成了这个位于湘潭的街头实验，制作了这个视频，愿它能带给人更多思考与感动。"

这只是古乃草高中生活的一个小插曲，与所有高中生一样，她的主要任务是考一个好大学。在这一点上，古乃草也有自己的想法。清华大学和北京大学（以下简称"清北"）是无数学子心中梦想的知识殿堂，古乃草自小成绩不错，也希望考上这两所大学之一。但裸分考上"清北"实属不易，每年从古乃草就读的高中考到清华大学或北京大学的只有两三个人。

古乃草从小学习小提琴，清华大学和北京大学都有艺术团，提前考入可以获得降分。为了考上"清北"，她决定走艺术特长生这条道路。这只是一方面的原因，另一方面原因是古乃草上了高中后专注于学业，小提琴技艺生疏了，她也想借此机会精进自己的小提琴技术。

这并不是一条好走的路，事实上就连这个决定都做得十分艰难。以艺术的形式获得降分，需要再花费非常多的时间练习小提琴，这势必会减少在学习上投入的时间和精力，如果最后没有考上"清北"，还因此丢掉了原本的成绩，实在是得不偿失。

好在父母一直十分尊重她的决定，在古乃草告知父母自己想通过艺术特长生的方式冲击"清北"后，她的父母很快为她联系了一位非常厉害的小提琴老师廖老师。

由于小时候只是跟着普通的小提琴老师学琴，古乃草的技术并不拔尖，廖老师在了解到古乃草的学习成绩后，也建议古乃草好好学习，因为成功的概率比较低。古乃草闻言，眼泪"唰"的一下就出来了，廖老师一看她哭了，就心软收下了她。

事情的发展并不顺利，古乃草每天要保证2~3小时的练琴时间，于是她只能熬夜完成自己的作业。练习到一定阶段，古乃草也遇到了瓶颈。古乃草的父母不忍心看到她这么辛苦，劝她放弃，但古乃草不愿意，哪怕成功的概率只有1%，她也不想放弃。

就这样坚持了两年时间，高三那年1月份，古乃草到北京参加艺术特长生考试。没有奇迹发生，古乃草冲击"清北"没有成功，但她从未后悔过。回到学校后，古乃草将全部精力投入到学习上，没想到成绩突飞猛进，她一下子从年级一百多名跃升至年级十几名。

高考之后，因为个人规划的事情，古乃草与父母吵了一架。吵完架后，古乃草发挥其冒险特性，准备到北京去。为什么是北京呢？因为当时到北京参加艺术特长生考试时，她对北京阳光灿烂的冬天印象深刻。此时，湖南正值雨季，每日阴雨绵绵，古乃草十分想换一个环境。

但她身上的钱不多，只能坐189元的绿皮火车，摇摇晃晃30多个小时后，她终于到达了北京。古乃草也知道父母会担心她，于是给母亲发消息通报了自己的行程，一再向母亲强调"不要来找我"。

在北京，古乃草有一个姨妈，姨妈接待了她，这也让父母安心了。到北京的第二天就是父亲节，古乃草虽然"离家出走"了，还是念着父亲，在网上订了一束鲜花，送给了父亲。古乃草在北京待了大半个月，一个人在北京游玩。在这段时间里，她对自己的人生有了更多的思考，期待大学能到北京来上。后来填高考志愿时，古乃草有四个志愿都填的是北京的大学。最后，古乃草考上了北京邮电大学数学系。

冒险永动机，不会停息

古乃草上学时便比同级的同学小一岁，上大学二年级时她才满18岁。18岁是一个特别的时刻。人不是一下子长大的，而18岁的到来会让人意识到自己不得不长大，如何给这个特殊的生日该有的仪式感？古乃草希望一生与音乐为友，她决定办一场音乐会，以自己最爱的音乐为起点，奔向未来的每一天。

这场音乐会的主题也十分明了——"古乃草和她的朋友们的音乐会"。为了将这场音乐会办起来，古乃草顶着学习压力，自己准备曲目，准备邀请函，租场地。

她与朋友们一起相约每日练习音乐会曲目，她常常觉得自己所在的沙河校区荒芜，无时无刻不提醒着她生活的单调，但与这些朋友在一起玩音乐、聊天，让她感到无比欢乐。音乐会的意义早已不在于它本身，而是让心有灵犀的人有了一个理由去为一件事情努力，一起度过一些难能可贵的时光。她很喜欢汪曾祺的一句话："一定要爱着点什么，恰似草木对光阴的钟情。"

这场音乐会最终圆满落幕，很多学长、学姐、同学从各地赶来捧场，效果很好。最令古乃草感动的是，音乐会结束后一位学长给她的留言："我们学校偏理工，建筑都是灰调的。今晚的音乐会是这个学校里我见过的最明亮的色彩。"

古乃草不止一次和朋友说过20岁要去环游世界。新年伊始时，她在朋友圈"官宣"，自己本科毕业后会休学一年，去环游世界。同时，她发布了"召集令"，寻找和她有同样想法的勇敢的人。在这份召集令中，古乃草阐述了三个方面的内容。

第一个方面是去做这件事情的理由。大多数人都经历过高考完填志愿，也都会有一种感受——应试教育教会了人们如何读书，如何考试，却没有给予人们充分认识世界的时间和机会。古乃草认为自己并非天赋异禀之人，但能在有限的时间找到自己愿意一生奋斗的事业。因为许多人穷其一生都在既定的轨道上，按照别人划出的痕迹奔跑。

通常意义下，人们对于人生的规划是"读书—毕业—工作—结婚—养家"，或是成为所谓的精英。

古乃草想跳出来，看看这个大千世界，然后再做决定。这是一种不同的人生道路走法，但这也不新鲜，也不是一件惊天动地的事情，只是一个看起来略有不同的选择。

第二个方面是去做这件事的资本。也许有人会问，休学一年回来后怎么办？古乃草回答道："不怎么办，因为我本身就没怎么样。"的确，在她看来，人生不差这一年的时间，回来后无论是继续读研或工作、创业，都需要探索，都会面临挑战。

那么，这一年是不是要花很多钱呢？古乃草表示，她会依据一些具体的国际项目作为起点，再根据实际情况选择下一个地点，有一定的经济能力即可。

这一年不是孤注一掷，而是有把握、有硬实力作为根基的一次实践。它可能是插曲，也可能成为跳板。在这一年真正到来之前，古乃草需要提升语言能力、摄影技能、自媒体运营技能，掌握至少一项过硬的本领，保证自己不会在半路饿死。

第三个方面是做这件事的价值。古乃草认为，做这件事可以是一笔投资，也可以是一个经济学决策。投入是勇气，产出是未知。在路上，她或许能够看尽美丽的风景，遇见奇葩的故事，见识形形色色的人生，看到书本上看不到的世界，经历苦难，期待奇遇。

　　古乃草认为休学一年的价值可以套用经济学上的边际效用递减原则：在你按照一个既定的人生轨迹走了二十年，继续坚持同一套方针带来的效益会越来越小。此时跳到圈外，努力思考有哪些新方向可以尝试，即使你只做到了十分里的四五分，边际效用也足够大到撼动你的价值观。

　　与其说古乃草喜欢冒险，不如说她能坦然接受所有选择带来的后果，无论好坏。内心笃定，是冒险永动机女孩的生命底色。

墨墨

不被
性别设限

在 2022 年的北京冬奥会上，有一颗冉冉升起的新星——在自由式滑雪女子大跳台决赛中拿到了首枚个人冬奥会奖牌的谷爱凌。这是一枚分量十足的金牌，它不仅是谷爱凌个人成绩的重要里程碑，更是中国在该项目上的首枚冬奥会金牌。这样优秀的成绩自然让这颗新星受到了极大的关注，而人们对谷爱凌的关注也同步揭开了一段不被性别设定的人生。

几乎从她接触滑雪开始，她就是人群中特别的存在——美国南北联盟滑雪队里唯一的女生、全美青少年自由式滑雪锦标赛中唯一的女生。她在队里常常被冷落，而许多比赛女子组的冠军奖金也比男子组少很多，这些现象让她意识到性别不平等，即便是在竞技体育的世界里，也那么刺目。

12 岁的谷爱凌就已经站在人群前演讲："在当今世界，男性比女性更有机会去参与运动相关的职业。许多人认为，这仅仅是因为男性的肌肉天生比女生的肌肉更大、更强，所以随着时间的推移，性别刻板印象逐渐发展成对女性运动员的负面定义，女性经常因为性别，被剥夺合适的运动机会。"

下面我所讲述的墨墨虽然没有谷爱凌那样卓越的成绩，但却以一位普通女孩独有的方式，一直为女性应该获得的东西努力着。

对性别的另类反叛

认识墨墨的时候，我还是腾讯的实习生，因为工作上的合作开始了我们的第一次交流。我接触过许多思想独立又活跃的同龄人，但墨墨似乎在这一点上表现得更为耀眼——1993年出生的她，在工作之余时常有些鞭辟入里的个人思考，并且非常热衷于与其他人交流、分享。这些看法总是直中要害，有时候精彩到似乎不应该是一位年轻人会有的深度。

在好奇心的驱动下，我和墨墨越聊越多，意外地在这样一位看起来温柔且不具备攻击型的姑娘身上，捕捉到了像钻石一样坚毅而通透的灵魂。

墨墨在学生时期有一段十分特别的经历。好看的女孩子总是会收获更多的关注，但同时也会面临更多的骚扰，这是墨墨小时候遇到过的最难解的苦恼。那个时候，青春期还没有正式到来，但许多懵懵懂懂的情愫已经在缓缓蔓延。被同学们起哄为"校花"的墨墨总是会受到男孩子的戏弄，他们会嘻嘻哈哈地拽她的长发，让她时常深陷不安的情绪中。

于是墨墨剪了个短发，这让她重获了新生，那时的她一心想着自己终于像男孩子一样了，并因为这样的认知倍感轻松与自由。她开始收起自己的裙子，换上男款的衣服，曾经因为自己女孩子的身份不敢表现得太热情的运动，在这层"假小子"的外壳下也变得"合情合理"起来。那些男同学也逐渐收起了过去的态度，用墨墨不曾设想过的平等态度和她建立起了友好又健康的关系。

在"假小子"的外壳下，墨墨度过了一个非常安全的青春期，她享受着这份难得的自由自在，即便在跆拳道班被误认为是男孩子也不介意——甚至"做男孩子也挺好"的念头在她的大脑中一闪而过。

她原本认为，牺牲长发与裙装换来的"假小子"身份代表着她的成功，代表着她战胜了某种不平等，可当她自己走过了那段青葱岁月再回头看时，她曾经的选择，其实深藏着对那个时代的无奈和妥协。

冲破性别禁锢的力量

"我为什么非得让自己像男生呢？只因为男生才可以拥有更

多的安全感与自由，只有男生才可以在那些运动项目上挥汗如雨吗？"

墨墨第一次和我讲述完学生时期的经历时，忽然真挚地望着我问出了这个问题。

这个问题就像撕破某个混沌虚空的闪电，让我在一瞬间看到了许多曾经从未意识到，但又无比重要的问题。其实，它们一直都在，一直都张牙舞爪地聚合在我们周围，可我们好像从来没想起过需要认真地观察一下它们。

为什么对于女孩子来说，一个"假小子"的身份才能让她足够安全地度过青春期呢？为什么她要放弃长发，才能在自己融入更多运动的时候屏蔽掉那些闲言碎语呢？为什么只有让自己表现得像个男孩子一样，她才能自然地享受自由呢？

然而最重要的问题也许是——为什么放弃长发与长裙，就不会被看作"女孩子"，而被冠以"假小子"呢？

墨墨的父亲也是不曾发现过这些问题的平常人之一，当墨墨剪去一头长发时，她的父亲发了很大的脾气。在他的心中，女孩子就应该是长发且温柔的模样，当时的他想不通漂亮的墨墨为什么要做出这样的选择，就像现在的墨墨也想不通当时的自己为什么只能做出这样的选择。

长大后，墨墨渐渐认为自己的行为勇敢却又幼稚，她想要得到的，本就是她应该得到的，而不该是需要她牺牲什么换取的。但不可否认，自己当时的勇敢又是难能可贵的，在几乎所有人都默认女孩子应该怎样的时候，她毅然决然地选择了反抗——这份反抗的勇敢，其实也源于母亲对她的耳濡目染。

墨墨出生的地方是个不起眼的小城市，在这种所有的发展都缓慢向前的地方，一切规则与认知也不会懂得与时俱进。许多传统在这样的地方得以保留，无论好坏。

从小到大，每一次新年回到这座小城市过年时，墨墨的母亲都会成为最特别的存在。家里人还保留着男性一桌、女性一桌的饮食规矩。显而易见，男性的那桌是传统认知中更为正式的主桌。事实上，亲戚们都是接受过高等教育的一辈，这种不成文的规矩却并没有因为人类社会的进步销声匿迹，即便她们在外面已经多新潮，回到这里的时候还是会非常自觉地将自己归入"不能上主桌"的人群。

墨墨的母亲却从来不认这个"理"。

"墨墨，坐我旁边来。"

每次在老家吃饭，母亲冷静而又有力的声音都会这样出现。

其他的长辈们最初总会欲言又止，似乎想要提醒些什么，但这份提醒又好像不太有底气说出口。"明明是谁都该懂的规矩，你怎么就装作不明白呢？"墨墨认为，他们当初一定在心里反复这样自问过。可什么是规矩？为什么要有这样的规矩？我们又为什么必须在这个规矩上心照不宣、严格遵守？在并不愚钝的这群人中，没有人能真正底气十足地完美回答这些问题。

第三章 人生没有什么是一定的

母亲从来没有搭理过大家默认的男女分桌的规矩，每次都会自然又果断地坐上被男性包围的主桌，并且招呼墨墨一起，次数多了，大家也都习以为常——瞧，这原本就不是什么重要的东西，可是在许多人心中却像一把沉重又刺目的枷锁。

其实，母亲不仅会反抗这种本就应该被淘汰的"旧习惯"，许多总是被归为女性应有的天性，母亲也会在不认可的时候毫不在意地打破"束缚"。曾有一次家中的洗衣机出现了故障，一番修理与交涉后，父母在"保修"规则上和师傅发生了分歧，父亲不愿过多纠缠，很快就想向师傅妥协，师傅见男主人有松口的迹象，不由得松了口气，准备按照自己的意愿开单收费。这时，母亲却严厉地制止了他，坚持要按照自己的需求走完所有流程。

"你家男人都发话了，你还有啥可说的呢？"师傅皱着眉，一脸烦躁地"批评"母亲不识时务、多此一举。

这样的言语与态度彻底激怒了母亲，父亲也不再发话，默默地与母亲统一战线，最终这件事自然以母亲遂愿的结局收尾，而它之于墨墨而言，又是一堂生动的教育课。

母亲这种毫无负担地勇敢维护个人权益的性子伴随了她一生，也影响了墨墨。它其实不单单体现在性别相关的议题里，又或者说，母亲实际上已经完全做到了对性别不公彻底说"不"，她只关注自己作为一名合法公民应该得到的所有权益。

这些事情就像一份份录影带存在墨墨的脑海中，每当她感觉自己受委屈时，都会触发那个播放键，让她回忆起母亲的做法，获得冲破性别禁锢的无限力量。

爱上真实的自己

现在的墨墨有着一头漂亮的长发，时而是干练时尚的裤装，时而是阳光热情的裙装，偶尔在自己心情合拍时，又会有一点小性感的搭配。她没有再去刻意思考该怎么样像一个女孩或者像一个男孩，而是一切随心，一切都由自己的喜好为准。

"现在大家看到我以前的短发造型，总是喜欢感叹一句'你现在变得很女生了'，我每次都只是笑笑，可能偶尔会解释争辩一下吧，不过有的时候，许多根深蒂固的刻板印象不是三言两语可以解除的。"

以前的墨墨十分在意别人的看法，这或许也是她会在当初选择以"假小子"的形象保护自己的原因。但是现在的她很少有空闲再去思考这一点，因为她想要享受的自由与随性已经占据了她的闲暇时光与思绪。

"哪有什么像男生、像女生，我的性格就是我自己本身的性格呀。"

她会去玩卡丁车，会去骑摩托，但在这些男多女少的娱乐项目里，女生的存在总是会被贴上各种莫名其妙的标签。

墨墨很讨厌这种眼光和看法,她热爱这些,仅仅是觉得这些东西很酷,就像所有热爱它们的男生一样。可明明大家应该是同一个世界、毫无芥蒂的人,偏偏最终被那些刻板印象与偏见生生隔出了巨大的沟壑。如果换作以前,墨墨可能会因为这些眼光而感到不自在、感到怯懦,为了融入而选择妥协,可现在她不会了,给自己带来快乐的是这些运动,自己就算一个人都不认识、不接触,又会有什么影响呢?萍水相逢的人,合则来,不合则去,人生旅途本就应该遵循"人以群分",这样才能看到一个最令自己赏心悦目的世界。

已经 28 岁的她,没有那么多大众认为应该焦虑的困扰,她不焦虑容貌,不焦虑年龄,不焦虑自己的婚姻——她不止一次听见身边人念叨"你应该结婚啦",可她仍然选择顺其自然。

"我没有觉得我到了一定年龄,就非得去干什么事情。我不干又怎么了?大家都觉得你应该开始去做这件事情的时候,我会认为他们都是在为父母而活、为社会的期待而活。可是,人就不能为自己而活吗?我不愿意成为一个为满足他人期待而活的人。"

现在墨墨的生活无比随性,她会在周三下班之后去看场电影,也会在周四结束工作之后去酒吧坐坐,会在身边人都相约着出行的时候留在家里翻开一本书。墨墨很喜欢极简生活,她认为自己现在的状态非常好,她丢掉了所有曾经困扰过她的顾虑,也丢掉了其他人强加在她身上的期待——当一个人真正遵循本心生活的时候,她就是最自由、最轻盈的。

这种选择在不少人看来可能显得有些特立独行，毕竟绝大多数人都习惯了"迎合他人"与"勉强自己"，尤其是长期处于弱势的女孩。

幸运的是，这个世界正在慢慢变好，越来越多和墨墨一样的女孩子正在肆意绽放着自己的光彩。

墨墨说："自由与随性，应该是每个人的专属特权，之前女孩们离这份'特权'可能很远，但希望像我这样的女生，可以鼓舞越来越多的女孩子去拿回它。"

任 可

抑郁
研究所所长

还记得 2020 年的"网抑云"风波吗?有网友评论说:"听完歌本来想在评论里找找共鸣,结果仿佛在看悲惨世界——人均暗恋、人均童年阴影、人均爱而不得,人均抑郁。"

在太多人眼里,抑郁症是"富贵"病,闲得发慌导致的。可是他们不知道,抑郁症真的是一种病,不是矫情、不是脆弱,而是真的病了。

据统计,我国抑郁症人数每年以 18% 的速度增长。这意味着每 10 个人中就有 1 个深受抑郁症带来的困扰。

以前的我也无法感同身受抑郁者,直到我遇到任可。听了她的故事后,我才知道在抑郁症患者的心里,他们的世界一直在下雨,而且无法自愈。抑郁症患者的生活,不见得能被旁人看见明显的裂口或冲突,他们是在正常的日子里悄无声息地撕裂和痛苦着。真正的抑郁不是当你生命中出了差错的时候才感到悲伤,而是在你生活中的一切都好的时候依然悲伤……

如何走出抑郁症,或者如何走出抑郁情绪?我们来"听听"任可的故事,从她身上感受因为自己淋过雨,如今也想给别人撑伞的人生。

好好活着,是人生最大的成功

我曾关注过一个公众号——抑郁研究所,但对此并没有过多了解。有一天夜里,我看到朋友圈有人分享了这个公众号的文章,并配文他被北京安定医院确诊为中度抑郁,也因此辞了工作,我才意识到原来抑郁症现在如此普遍。

几年前我加入 G20 YEA 时,发现抑郁研究所的"所长"任可也在其中。初见任可时,我怎么也没想过,这个站在台上侃侃而谈,看起来轻松洒脱,眉宇间几乎察觉不到愁绪的女孩子,曾经是一位抑郁症患者。

这或许是我对于抑郁症患者的"刻板印象",总认为那些敏感多疑、阴郁沉闷的人才会患抑郁症。出于这份好奇,我向她询问是否能了解一下她的故事。

然而,故事的沉重程度超乎了我的想象。对于任可来说,那段时光就像是手握一块儿烧红的炭,高温灼伤了肌肤,深入骨髓,又无法摆脱。听她讲述时,我多次懊恼自己提出了这个问题。

第三章 人生没有什么是一定的

"不能用来跳的窗户有什么用?"这句英剧《梅尔罗斯》中的台词,曾经整日回荡在任可的脑海中,一切事物在她的眼中都没有任何意义,彻底结束生命成了她每天渴求的东西。任可和剧中的男主角有着相似的经历——被家暴、虐待的童年。

从记事起,被虐打就是家常便饭。不止身体上的疼痛,尊严上被践踏更令任可难以接受。

上初中二年级的一个晚上,任可正在房间里拿着历史书背诵,父亲突然撞开她的房门,带着一身酒气,不由分说地开始扇她耳光。"他全身的每一块肌肉都参与了这场酣畅淋漓的运动,像一根绞肉机上的铁条机械化作业,一下,一下,一下地掌掴我。"在日记里,任可回忆了这场暴行。

第二天睁开眼,任可发现自己还活着,只是历史书已经被血浸透了十几页,模糊不清。

这是常人难以理解的,但却是真实存在的。施暴的家长,是许多人不幸人生的开端。

原以为长大成人,脱离父母掌控,便可以重新开始,但离开父母后任可却依旧日日夜夜不得安睡,一次又一次在梦魇和心悸中惊醒。

反复的梦魇、失眠、耳鸣和神经衰弱折磨着任可,她一天比一天更没有力气起床洗漱,开会到一半想起昨夜的噩梦,瞬间就失去控制身体的能力,惊恐发作,全身木僵。

由于每天只能睡两三个小时,她挂了睡眠科的号,寻求医生的帮助。可医生在对她进行诊疗后，将她转去了精神科室。最终任可拿到了自己的诊疗单：重度抑郁症，中重度焦虑症，伴随严重自杀倾向，建议立刻住院治疗。

精神状态差、不想活对任可来说是常态，但被确诊抑郁症是她万万没有想到的。那一瞬间，任可感觉有一桶黑色的油漆，从上到下浇透了她。心理疾病带来的强烈病耻感令任可感到羞愧万分——生理上的病症无法控制，但我不应该掌控不了我的心理、情绪、想法。

任可羞于谈到"抑郁"，每天思考最多的问题就是"如何假装自己成一个正常人"。公司的卫生间成了她的避难所，在那个隔间里，她肆意释放情绪，但一走出那道门，她就得竭力控制自己。每次去复诊时，她都要绞尽脑汁想一个看起来合理的理由，比如"看牙医"。在面对医生时，她也唯唯诺诺不敢直视医生描述病情，低着头像在承认错误；即便她已经濒临崩溃，可朋友圈还是要维持自己"体面""开心"的人设，企图骗过别人，也骗过自己。

"不管怎么样，我要把这个病治好。"与大多数抑郁症患者不同，任可对治病有着强烈的意愿，并没有任由疾病加重。但就像我对于抑郁症认识浅薄一样，整个社会针对抑郁症的治疗也并不完善。任可需要心理咨询，但医院无法提供长程心理治疗，也不能推荐任何一家机构，医生只是建议她"上网搜"。

在令人窒息的黑暗里，任可对着电脑逐个敲下诊疗单上的字,像一个溺水的人,不断下陷时挣扎着抓住岸边的草。信息繁多的网络世界,此时却难以给任可有效的帮助。她在网络上找得到的咨询对象,不是花架子,就是骗子。

她鼓足勇气向父母坦白了自己的病情,这是比看精神科更艰难的抉择,结果父亲当着亲戚们的面指着鼻子骂她:"有你这样的女儿是我这辈子最大的耻辱。"许多抑郁症病人都会被误解,生病后的情绪差被视为"矫情""敏感",无法工作被看作"懒惰",对父母的反抗也被理解为"不懂事""不孝"。

心理咨询无法获得,父母更是不理解她,任可的情绪无处排解,积压到一定程度时,她开始用写日记的方式在社交平台记录自己的抑郁经历。在分享自己生活的同时,任可的情绪得到释放,还有不少同样患有抑郁症的网友在任可的日记下发表评论,互相加油打气。

在她人生最艰难的时刻,除了她自己不愿放弃,朋友的理解和陪伴也是任可对抗抑郁症的一剂良药。"难受的时候记得来找我""不开心的时候就给我打电话""没有人的生活是轻松的,可是有人无条件爱着你"……这都是令任可感动的朋友留言。

有一位朋友挽救了任可。有天任可感到无比疲惫,对生活丧失了所有信心,她的朋友打电话给她,任可表示没有什么想倾诉的,朋友告诉她:"如果你不想说话就不用说,想哭的话就哭一会儿。等你哭累了、睡着了,我再挂电话。"

朋友对她唯一的要求,就是她好好活着。从前二十多年的人生里,她被要求好好学习,考一个好大学,还要懂事、懂礼……在生病之后,"好好活着"成为任可人生中最大的成功。

自己淋过雨,也能为他人撑伞

"怎么样才能好好活下去?"任可问自己。为了解答这个问题,她找到了一个心理咨询师,心理咨询师问她:"你能够原谅父母、原谅谎言、原谅那些施暴者和伤害你的人,可是你为什么不原谅你自己?"

这一瞬间,任可才明白,过往的伤痛像一颗颗钉子一样钉在墙上,给她造成了不可抹去的伤害,但这也让她失去了将视线从钉子上移开,去看看更令自己欣喜的事物的能力。过去,她一直盯着那些伤痛,沉浸其中无法自拔,忽略掉了许多生活中的美好,比如一朵小花、一片绿叶,甚至一整个花园。

于是,她开始试着将目光转移,更新日记是最好的方式。在自我调节和外界帮助的共同作用下,任可觉得自己痊愈了,她已经两年没有复发了。

随着日记的更新,越来越多的抑郁症网友在评论区交流、倾诉。任可突然意识到,许许多多与她一样的抑郁症患者无处宣泄、无人理解,迫切地需要一个"锚点"承载他们的情感。

任可想,或许自己已经成为这个锚点。她的日记不仅记录着自己的生活，更是千千万万抑郁症患者的真实写照，是他们坚持下去的重要力量。自己淋过雨，于是想为他人撑伞。在自己的抑郁症好转后，任可将这些"病友"联合起来，组建了十几个社群，希望帮助更多的人。

在这些抑郁症患者聚集的社群里，充斥着我们无法想象的黑暗和绝望。群里的每一条消息几乎都与死亡有关。

每个人患上抑郁症的原因不尽相同：有人因为欠债还不上；有人因为感情上受到伤害；也有人和任可一样遭受了家暴。尽管原因不同，但任可每天都能感受到世人皆苦。

这些抑郁症患者需要的不是空洞的加油，而是切实的治疗方法。任可在患病期间获取的关于抑郁症和治疗抑郁症的知识，在此刻重新派上了用场。她不厌其烦地发布抑郁症治疗方案，劝解需要帮助的患者。当然，如果治疗方法不奏效，她会选择做一个优秀的倾听者，让患者感到自己并不孤单。

"他们只是缺少被理解和被支持，当这种相信和支持从任何一个人嘴里说出来的时候，他们就好像得到了原谅。"这是任可在与众多抑郁症患者"抱团取暖"的过程中总结出的经验。

从"任有病"到所长任有病

2020 年我国约有 9500 万名抑郁症患者，1.8 亿个泛抑郁人群，包括焦虑症、睡眠障碍、情绪障碍、人格障碍等。在任可了解到这些数据后，她越来越意识到，抑郁就像情绪流感，它会传染也会流动，像感冒或者过敏一样，它一定会出现在我们的生命里，我们要学会去接纳抑郁情绪，要防止这种情绪发展成疾病。

2018年，任可决定将帮助扩大，由此创办了"抑郁研究所"。任可认为，线下的抑郁症治疗普遍客单价较高、治疗周期较长，并且不能随时随地进行，但互联网可将抑郁症治疗从线下转到线上。任可曾在多家互联网企业担任产品经理，擅长根据用户需求制订产品模型。在多方考虑之下，任可决定采用互联网运营的方式，为抑郁症患者提供服务。

抑郁研究所和普通的互联网企业并没有多大区别，"互联网+抑郁症"这两个关键词的组合令它充满了神秘色彩。抑郁研究所并不是一个纯粹商业性质的组织，自诞生以来就具有普通经济组织无法提供的公益效益；而它也不同于纯粹公益形式的"为爱发电"，是一份实实在在能够盈利且能够支撑人们长期奋斗的事业。

抑郁研究所建立了自己的公众号，也在不断维系之前的社群，主要提供抑郁测试、药物指南、康复课程等抑郁症治疗方案，希望在患者和医疗机构之间搭起桥梁，使患者能够接受专业、有效的治疗，同时做针对大众的抑郁症知识普及，让大众不再对抑郁症有异样看法。

任可很快让抑郁研究所获得了惊人的知名度。她经常出现在各类比赛、创客训练营、媒体采访、新书签售会上,结识了一众投资人,跑在了中国抑郁症对抗队伍的最前头。

在这个尚未成形的市场中,任可义无反顾地担任起了启蒙者的角色。抑郁研究所以公众号为依托,从疾病教育、心理咨询和网友互助入手,上线知识付费课程和相关电商产品,为患者提供内容科普、康复课程、药物指南、电商产品等一系列解决方案。

抑郁研究所在运营期间,每天都会发生无数件"人命关天"的事情,有一件事情令任可最为印象深刻。一名抑郁症患者的家属通过微信公众号后台进入了家属群,并添加了任可的微信。这位家属与任可说的第一句话便是:"我的弟弟于昨日自杀去世,去世之前,他曾往抑郁研究所的后台发送过消息,但未立即得到回复。"

看到这条消息,任可的心中"咯噔"一下,每日寻求帮助的患者非常多,仅仅只有8个人的团队无暇直接对接每位患者。任可为这位去世的患者感到惋惜,也担心患者家属怪罪他们。

然而,事情的走向突然转弯了,这位家属并没有责怪任可的意思,而是希望参与抑郁症相关的志愿活动,帮助像她弟弟这样的抑郁症患者。现在,这位家属经常活跃在抑郁症救援群中,疏导抑郁症患者,成为抑郁症研究所的"编外人员"。

还有一位女孩儿曾给她留言:"所长是我的榜样,我想战胜抑郁,考北京的大学,到抑郁研究所工作,成为和所长一样优秀的人。"

那一刻,任可感受到了信任和鼓舞——"我成为一个人的榜样了"。

从"任有病"到所长任有病,任可一直在与时间赛跑,先是自己跑出来,再是跑在死神前面,不断挽救更多的抑郁症患者,任可会一直跑下去。

弗洛伊德认为,人的现在是由过去决定的,如果人经历过创伤,那就要更加勇敢地去直面创伤,直到克服恐惧,如此才能走出困境。而阿德勒认为,人的现在是由自己的目的决定的,只要人有积极的目的,就可以自然而然地走出困境。

人的心理是十分复杂的,凡事也不能一概而论。有的人可以走出创伤,有的人不能,因为各人的意愿强烈程度、家人的支持程度和受创程度都各不相同。

最后,我想借医生的话共勉:"在这个世界里,苦难是生活的常态。对自我的宽容与关怀才真正适用于人生的各个阶段。"

任可在留言里回复:"每个人都会遭遇不同环境的压力与挑战,要认识自己的情绪,也接受一个事实:身体会受伤,精神也会。每个人都可能被精神疾病袭击,但它终归是一种病,一种在专业指导下可以治愈的疾病。"若你正在经受苦难,愿这个世界和你身边的人能给予你更多的善意;若你已经走出创伤,那也愿你能为更多淋雨的人撑伞。

大头妹妹

随性而活，
只做真我

"90后"一代无疑是幸运的一代。我们出生于一个更加自由、包容的大环境，日新月异的科技，与世界各国间越来越近的距离，带给了我们更开阔的视野与更高维度的思维。我们敢于向自我认定的目标奋力冲刺，只因为心中有爱。

积极独立的我们惯于突破传统，我们生活的真谛便是为自己而活。

一如始终为自己而活的大头妹妹，对音乐的热爱热切而忠诚，她将不羁于世俗的束缚的理念注入到了自己的音乐创作之中。她乐于在不同的音乐类型中寻找灵感，各种先锋、潮流、乐观的态度都是她的音乐养分。

她为爱而活，为爱创作，将当代年轻人的心中所想全然倾注于自己的音乐之中，唱出了一段又一段潇洒的人生。

没有音乐梦想的音乐人

在我的交际圈里,大头妹妹余静是一种特殊的存在。与朋友间的平等相处不同,我在与大头妹妹相交之初,就对她带有欣赏和仰慕。

与大头妹妹的结识是"未见其人,先闻其声"。某天我下班回家,听到附近一家餐吧里传出一阵歌声:"南屏晚钟,随风飘送,它好像是敲呀敲在我心坎中。"这阵歌声真的敲在了我的心坎上,我觉得这位女歌手唱歌很好听,声音空灵婉转。

后来,我便成了大头妹妹的歌迷,每周二和周六她来唱歌,我早早就等在台下听她唱歌。突然有一段时间大头妹妹不来了,我询问餐吧的老板:"为什么你们那个女歌手不来了?"餐吧老板告诉我大头妹妹有了别的规划,我的内心感到一阵遗憾。回家后我找到大头妹妹的微博,给她发了一条信息,这才与她建立了联系,知道了她的故事。

在上大学之前,大头妹妹对音乐并没有什么概念。高考之后由于家里没有能够提供帮助和建议的长辈,大头妹妹对未来的规划也没有什么想法,便根据自己的高考分数报考了一所一定能被录取的学校,学习数学与应用数学。不出意外,大头妹妹毕业后可以去一所中学,成为一名数学老师。

大学入学后,校外的吉他培训班到大头妹妹的学校招生,她就报了班,开始学习吉他。或许她自己也没有想到,正是这个看

第三章 人生没有什么是一定的

似平常的决定，改变了她的一生。

吉他一学就是四年，在大头妹妹的大学生涯中，大部分时间被用在学习吉他上。以前她只是喜欢唱歌，学习吉他后才意识到自己很擅长唱歌，便终日沉浸在吉他弹唱中，专业课几乎没学。大学一晃而过，同寝室的室友要么在准备考研，要么在实习、找工作，只有大头妹妹仍然每日抱着吉他，唱着歌谣。

当毕业真的来临的时候，她顺其自然地想去找一份酒吧驻唱的工作。成都是一个浪漫的城市，她首先在网上查了一些招聘驻唱歌手的酒吧，然后背上吉他去店里应聘，挨家挨户地问酒吧老板需不需要歌手。有的酒吧需要，就让她试唱了一段，然后留下联系方式，说明有需要的时候会联系她。

恰好当时有一家酒吧的驻唱歌手去北京比赛了，酒吧老板就让大头妹妹去代班。刚开始驻唱时她不知道怎么省力，每次都用尽全力连续唱两三个小时，结果她的喉咙又红又肿，声音也沙哑了一段时间。后来，她在向驻唱界的前辈们请教之后，学习了一些唱歌的技巧，这种情况才慢慢好转。

由于女生弹唱在市场上比较稀缺，所以大头妹妹一直都有工作，每天在固定的时间点唱歌，到点下班，按月领薪水，她十分满足，那时的她不知道忧愁，每天除了上班就是回家看动漫。大头妹妹是一个很宅的人，也很懒，懒于经营任何需要经营的人际关系，所以她常常觉得难以融入驻唱歌手这个圈子。

虽然她本人乐在其中，能感受生活的简单与快乐，但是她的父母却觉得这个工作不体面,羞于在亲友面前提起,也觉得她一个人在那种灯红酒绿的地方工作不安全,很辛苦,工作不稳定。如果能够按照当初的计划,毕业做一名数学老师,那应当是多么幸福美满。但是时间是永远向前的,不会因为谁的不满意而倒退。

在生活中,我们常常会看到两类人:一类是推着生活走的,他们非常主动、积极,拼尽全力想要达成梦想;还有一类是被生活推着走的,他们或许没有非常远大的理想,一切都顺其自然,知足常乐。

大头妹妹就是第二类人,她觉得远大的理想都是虚无缥缈的东西,所谓幸福就是触手可及的梦。每个音乐人都有自己的音乐梦想,希望有朝一日能站在最大的舞台上,受万众瞩目,希望自己创作的作品可以万人空巷,家喻户晓。大头妹妹觉得这些梦想可以有,但是梦想是用来追逐的而不是非要实现的。不要因为没有实现梦想而觉得自己失败,也不要为了实现梦想而放弃实实在在的人生。酒吧驻唱对她而言只是一份工作,音乐创作对她来说只是一种表达,成为国际巨星只是她说出口的梦想,而这个梦想本身实现与否并不重要。

从酒吧驻唱到独立音乐人

在成都驻唱不到一年,2015 年 5 月,大头妹妹离开了舒适安逸的成都，来到首都北京，在一个陌生的大城市里从零开始。来北京并不是因为怀着远大的抱负，只是觉得日子需要一点变化，就像刚毕业到成都一样，找房子、找工作，然后寻求生活的变化。

她在北京待了十个月，2016年3月，她再次背上吉他离开北京，这一次她的计划是做一名流浪歌手，像三毛书里写的那样一半生活一半梦想。但做流浪歌手是一件非常苦的事情，首先音乐设备的重量就让一个女生吃不消，而且大头妹妹不愿忍受风吹日晒，所以试过一次后就果断放弃了。

原本计划的一半生活一半梦想瞬间变成了长途旅行。她游了太湖、爬了华山、看了兵马俑、登了嵩山顶、吃了烩面。一个月后再次回到北京，她发表了第一首单曲《太湖》。

"回头望不知身处何方，天茫茫，海茫茫；赏樱花，梦情郎，你是我通宵辗转的桥梁。不曾相识回故乡，两行血色泪苍凉……"

这是《太湖》中的歌词，与主流音乐创作不同，大头妹妹的音乐没有"商业使命"，只是个人想法的抒发。她甚至不懂乐理知识，先写好词，再一点一点拨着吉他弹出曲调。大头妹妹带着这首原创歌曲登上了北京电视台青年频道《新歌来啦》，并获得评委老师非常高的评价。自此，她便开始了作为独立音乐人的生活，开始创作。接着，她发表了《sang》《不图》《臆想》等作品。这些作品无一不是大头妹妹心境的直观表达，有的是她感情受挫后的喃喃低语，有的是她面对山川美景的有感而发。

还有一些歌甚至只是大头妹妹看到的一点世界。有一次她在酒吧里看到一群鱼儿在鱼缸中游来游去，感觉鱼儿们的世界好安静，无论外界多么喧嚣与吵闹，行人多么匆忙，鱼儿们也依然自顾自地游来游去，它们的世界渺小又伟大。大头妹妹一时灵感迸发，创作了《秋鱼》这首歌。

她说她手机里最重要的就是备忘录，里面有几千条诗歌文字，想到什么看到什么都记录下来，一点一点，变成了很多故事。她将这些心事串联起来，组成了一首首动人的歌曲。事实上，除了歌词及旋律本身，独立音乐所传达的态度及语境下的故事更能让人产生共鸣，就像大头妹妹的这些歌一样，每一首歌都承载了一个故事，是一个世界。

不必过分在乎他人的看法

过了些许日子，当我与大头妹妹再次联系时，她告诉我她要结婚了。她坚定地说道："再给我 100 次机会我都选他。"她十分欣喜地告诉我："这个人是世界上唯一能够容忍我所有缺点的人，或者说我俩拥有同样的缺点，所以谁也别瞧不起谁，在一起就是轻松愉快、没有压力、步伐一致，我很享受这种轻松的生活状态。"

有时，大头妹妹会突然幻想自己有超能力，然后便脱口而出"我要飞起来了"。大部分人对此都感到无奈，只有她的男朋友会顺着她的话接下去。她做出这种选择我一点都不意外，因为这和她选择做酒吧驻唱、做独立音乐人都是一样的，是随性生活，只做最真实的自己。

大头妹妹将生活视为游戏，她不是大家传统认知里的奋斗者，但也不是完全听从安排的顺从者。换言之，大头妹妹不太在乎别人的看法。

叔本华曾经说："一切的真理，都得经历这样三个阶段，才会为世人接受。第一阶段，觉得可笑而不加理会。第二阶段，视为邪说而强烈抗拒。第三阶段，未加思索就欣然接受。所以，一旦你接受了别人的信念，就如神经系统被下了一道紧箍咒，你的现在和未来都会受到它的影响。"

如果一个人想完全顺从自己的心意，主宰自己的人生，那么就不必过于在乎他人的看法。当然，不必过于在乎他人的看法，也并非完全不接受别人的意见和建议，而是在接纳他人意见时，我们必须有自主的判断，否则，很容易便会失去自我。

有些时候，我们要暂时放下心中被认同、被喜爱、被尊重的需求，让自己从世俗的枷锁中解放出来，做自己想做的事情，即使没有梦想，也依旧活得精彩。

当然，我并不倡导年轻人都"躺平"，更多的是希望年轻人都能在自己开心、快乐的情况下，做自己喜欢的事情。

就像后来的大头妹妹，登上星光大道的舞台，焕发出别样的风采。我相信那只是她人生的开始，她一定会登上更大的舞台。

彪 哥

不一样的
活法

许多人在滚滚红尘中，总是将自己活成了随波逐流的模样，"房奴""车奴""孩奴"……这些受制于生活中种种无奈的标签，好像能将如今社会上的绝大多数人进行"完美"的分类——虽然许多人都不愿意活成其他人期许的模样，但是每个人却又无法完全规避这样或那样的标签。

能遵从自己的内心"率性而为"者，只是少数。彪哥就毅然选择了区别于身边人的活法——他成为北京城内的一家啤酒屋老板，将那些在现代社会捆绑住许多人的标签抛在了脑后。彪哥也是一位急公好义之人，他毫不抗拒为这个社会贡献自己的力量与热情。

存在主义认为，一个人要有质量地活着，要遵从自己内心的选择。我们可以选择肯定，也可以选择否定。而一群以自身兴趣和意志为导向的人，他们潇洒、自由的人生态度，无疑更接近人之所以为"人"的本质，更是一种"真正的存在"。

在一个由开明的文化组成的社会中，年轻人可以有许多种不一样的活法，不是吗？

大学生开啤酒屋

一个夏日的傍晚，我买了一盒卤鸭脖回家，吃卤鸭脖怎么能不配啤酒呢？于是，我打开外卖软件准备点上一罐啤酒。在搜索啤酒店时，我发现有一家啤酒屋居然就在小区楼下。在打电话给店家确认过可以堂食后，我果断下楼，找到了浅酌啤酒屋。

点完啤酒后我一个人找了张桌子坐下来，猛然发现卤鸭脖没带下来。而且周围的客人都是成群结队的，就我一个人一桌，我感到有些尴尬。于是，我起身询问接待我的女店员能不能打包带走，她回答可以，刚准备上前为我打包，我又想到我可以回家把卤鸭脖拿到店里来吃，便告诉女店员我不打包了。

可卤鸭脖到底能不能拿到店里来吃？我也拿不准这家店接不接受自带食物。打包还是不打包？走还是留？我来来回回陷入了纠结。女店员也惊呆了，可能没见过这么纠结的客人。

这家啤酒屋的啤酒很好喝，有天我想找个地方看书，于是拿着书跑到了啤酒屋，点了一杯啤酒一边喝一边看。书还没看两页，彪哥便出现了。彪哥看我正在看书，问道："你也喜欢看书呀?"话题一经打开,便一发不可收拾。我们从喜欢的作者,聊到了政治、经济等多个热门话题,边聊边喝啤酒,那天我带过去的书,仅仅只看了开头两页。

自此开始,我经常到彪哥的店里喝酒。在与彪哥相熟的过程中,我渐渐了解到彪哥的故事,种种事迹像他的名字一样,彪悍不已。

彪哥毕业于中国矿业大学,是正儿八经的"211"大学。刚刚知道这个消息时,我心头一愣,"211"大学毕业的大学生开啤酒屋?这件事说来话长,彪哥的职业路径也并非一开始就与所学的专业大相径庭。

彪哥上大学时是环境工程专业的学生,他的第一份工作便是城市污水处理。这是他大学时就做好的人生规划,身处这个行业,自然希望为中国的环境事业做出贡献。

初出茅庐的大学生们大抵都一样,满腔热情亟待挥洒,彪哥也是如此。他从一个什么都不太懂的少年,一点一点学习画图纸、建厂房,直到浑浊不堪的污水变成清澈见底的河水,这份工作的成就感达到顶峰。

少年总是不安分的,彪哥做了三年污水处理之后,感到自己对这项事业的热情已经耗尽,即使做到了管理岗位,前途看起来一片光明,他仍然没有找到想要为之奋斗一生的事业。

彪哥开始思考自己未来的发展方向,思考自己一生应该追求什么。当领导和同事都很看好他的职业未来,甚至他能马上升职加薪时，他却毅然辞职下海创业。即使所有人都不能理解他的决定，但是他内心坚定，决心突破自己、寻找属于自己的方向和事业。

"北漂"青年的酒馆梦

无论身处哪家企业，彪哥也难以实现全凭自身意愿行事的想法，创业开一家属于自己的公司或许是最好的选择。但辞职和创业都不是头脑一热就能决定的事，做什么、怎么做，是摆在彪哥面前的第一道难题。

做自己的老本行？不行。环保公司需要大量的资金支撑，上千万元可能才能刚刚入门，也不能百分之百回本，这个选项被彪哥否决了。综合多方面因素后，彪哥找到一个同样有创业打算的同学，谨慎地选择了一个他认为跟自己的能力更契合的行业，虽然不是特别了解，但是风险更小，试错成本更低。

彪哥和同学创办的是一家咨询公司，主要提供企业法律法规及相关政策咨询服务。任何企业在进入一个新领域时，都需要考虑决策是否科学、合理，是否符合相关法律法规，以及后续有没有更好的政策支撑、这给了彪哥的咨询公司一定的生存空间，市场上存在这方面的需求缺口。

创业的前半年彪哥都像一只陀螺，缕不清工作的头绪，只有靠不停忙碌来填补效率的缺失。租房、装修、办营业执照、做方案、联系客户、谈判等诸多事宜，都需要彪哥亲自去做，不能假手于人。

好在他用了半年的时间将前期的准备工作完成得差不多了，客户也日渐多了起来，团队也慢慢壮大了，彪哥才松了一口气。彪哥在回忆这段岁月时告诉我："创业的经历对我来说非常关键，它让我知道做什么事情都要专业，要有逻辑。"

在公司逐渐稳定下来后，彪哥抽空到凤凰古城去见自己的女朋友。一到凤凰古城，彪哥就被当地的慢节奏生活吸引了。白天的凤凰古城濒临沱江，群山环抱，吊脚楼倚山而筑，环以石墙，风光无限；晚上的凤凰古城又是另外一个样子，大街小巷灯火通明，矗立江中的吊脚楼里开着一家家酒馆，三五朋友推杯换盏，对酒当歌，简直沁人心脾。

回到北京后，彪哥想："如果在北京能有一家这样的酒馆就好了。"彪哥希望有一个属于自己的第三空间，开心了可以过去和朋友们聚一聚，郁闷了也能自己静一静。于是，他找到朋友，和朋友表达了想开一家精酿啤酒屋的想法，没想到与朋友一拍即合，很快便将开精酿啤酒屋提上日程。

彪哥给这家精酿啤酒屋取名为"浅酌"，浅酌怡情，此种滋味，自有人懂。开了这家啤酒屋后，彪哥每天到这里的时间比去咨询公司的时间还长，在其中找到了久违的对生活的热爱。彪哥开始学习酿酒，请了更专业的酿酒师。

发展至此，彪哥决定卖掉咨询公司，将全部身心投入到酿酒中去。当时，彪哥的咨询公司共有 8 名员工，每年的营业额可达到两三百万元，客户群体也比较稳定。

卖掉盈利的公司专职运营一家啤酒屋，几乎所有人都对此不理解。啤酒屋的风险比咨询公司高出不少，收益却并没有多。好在彪哥的女朋友非常支持，从凤凰古城到了北京，开始与彪哥一起经营这家啤酒屋，后来他们结婚了。

都市"灯塔"

彪哥的酒吧开在北京回龙观，这里是北京有名的"睡城"。何谓"睡城"？居住在这里的年轻人，一大早起床到城市中心上班，下班后回到位于北京城郊的租住房里，这种只能承载年轻人夜晚的地区，就是"睡城"。年轻人在城市中心与"睡城"之间，形成了一种令人叹为观止的"潮汐式"流动。

北漂青年们强烈的孤独感无处排遣。对于绝大多数北漂青年来说，下班后找一家酒馆，约三五好友举杯共饮，无疑是绝佳的放松方式。在快节奏的工作中，年轻人迫切地需要舒缓身心。

与彪哥相熟后，我把浅酌啤酒屋当作了自己和朋友相聚的"灯塔"，每逢节假日，我们便会约在彪哥的啤酒屋里一起度过。这家啤酒屋打破了我对传统酒吧的刻板印象。以往我认为酒吧里鱼龙混杂，总是烟雾缭绕，遍地都是喝醉的酒鬼。

但彪哥的啤酒屋截然不同，我在这里看到一群人安慰刚刚经历了狗狗离世的狗主人；还结识了许多互联网圈的人，大家一起谈天说地，氛围轻松又愉悦；也见证了几段令人感动的爱情，比如啤酒屋女店员与一位产品经理人从相知到相爱到结婚。

这与经营这家啤酒屋的人有着莫大的关系。彪哥希望到啤酒屋喝酒的人都能得到放松，大家在这里喝酒、聊天，聊得来可以成为朋友，聊不来就止步于啤酒屋。

彪哥常常挂在嘴边的一句话就是："我不是每个人的生意都做。"渐渐地，来啤酒屋的人都知道啤酒屋是什么样的氛围，也知道了彪哥的脾气，那些气场相合的人便成为啤酒屋的常客。

啤酒屋开得并不顺利，可以说在新冠肺炎疫情的影响下，受到了一定程度的影响。新冠肺炎疫情开始后，彪哥的啤酒屋遭遇了资金耗尽、伙伴离开、方向迷茫等诸多问题，这些问题中的任何一个，都足以令一个创业公司轰然崩塌，但彪哥的啤酒屋始终伫立在我的小区楼下，没有丝毫转让的意思。

我好奇地问彪哥："是什么力量支撑你将这家啤酒屋维系下去的？"彪哥摸了摸后脑勺，笑着说了一段话："可能是热爱吧。做生意就像谈恋爱一样，当你把热爱变成事业，把热爱的人变成长久的伴侣，都会遇到一样的问题：爱会越来越淡，不再像当初那样浓烈。这是很正常的事情，但回过头来想，如果我对与我一起过日子的人没有爱，可能我们会迅速散掉。就像我开酒馆一样,如果我不热爱这份事业,遇到一丁点儿困难我就会放弃。"

抿了一口酒,彪哥接着说道:"或许是你还很年轻的缘故,当你到了某个年龄、某个阶段时,你一定会问自己'我到底幸不幸福,这到底是不是我想要的生活'。如果你得到肯定的回答,那么你一定会坚持下去的。"

我望向彪哥,在啤酒屋暖黄的灯光下,他浪漫极了,像一个诗人。

第四章 后浪的情感独白

王 双

"一穷二白"的爱情

婚姻曾是我们"90后"眼中遥不可及的话题，可转眼间，这群"90后"已经到了不得不开始思考这些问题的时候。现在，越来越多的新闻与话题在讨论"不婚主义""丁克一族""女性独立"……这是在超前解决我们正面临着的问题吗？似乎并非如此。

与其说是冷静思考，不如说更多的人选择了逃避，逃避与婚姻相关的所有问题，逃避自己复杂的需求与内心，似乎直接避开解决途径就避开了所有的困难与纠结，就能轻松看待与之相关的一切。

那么，婚姻究竟代表着什么呢？我们又该如何认知婚姻与爱情，怎样做出自己的选择呢？其实，任何一个人都无法为他人提供答案，每个人的正确答案都是独一无二的，是需要自己去寻找的。我或许可以为大家提供一种参考，告诉大家一种可能性和一种选择——也许它能为你的思考与启发带来一点灵感。

年轻人,你敢"裸婚"吗

"你敢'裸婚'吗?"

当我向身边的人问这个问题时,1998年出生的小蒙说:"我连婚都不想结了,更别说'裸婚'了。"其他人听到"裸婚"二字,满脸不屑,讥笑我想得太天真、太幼稚了。

这时,20楼的姐姐坚定地说:"我敢。"

王双是一个大大咧咧的女孩,所以大家都叫她"双哥"。双哥25岁就结婚了,正是我如今的年纪。以我现在的心态代入,我很难想象当时双哥是怎样在25岁就坚定选择婚姻的,而且还是"裸婚"。

在北京这样的城市里,25岁结婚的人很少,大部分留在北京的年轻人在25岁时才刚刚从学校毕业,双哥和她的男朋友同样如此。双哥硕士毕业后,留在一家互联网"大厂"暂时安稳下来,一个月到手工资6000元。双哥的对象,也就是我的"姐夫",学的专业就业形势欠佳,毕业后一个月工资仅有1500元。

刚刚从学校步入社会的他们一起省钱过日子,租住在筒子楼里一间只有10平方米的小屋。这间屋子仅放得下一张床、一个简易衣柜和一张桌子。每天早上双哥都能多睡一会儿,姐夫会将早点买回来,两人吃完后一起出门上班;晚上姐夫到双哥公司楼下接她下班,沿着筒子楼里一片连着一片的昏黄灯光,两个人深一脚浅一脚地回到出租屋。

第四章 后浪的情感独白

每个月发工资的日子是他们最开心的时光,两个人会找一家便宜的自助餐饭店一起享受佳肴。然后,省下当天的交通费,走几站路回家,就当是消食。他们在城市里摸爬滚打,在彼此人生中最艰难的时段相互扶持。

双哥的妈妈有一段时间身体不好,双哥的姐姐陪着妈妈到北京看病。看病是件劳心劳神的事情,首要解决的就是住宿问题——是租一间房子还是住宾馆?双哥的妈妈有可能调养一个星期,也有可能调养两三个月,没有具体时间;老人在宾馆住不习惯,也不愿意花这个冤枉钱。思来想去,姐夫主动提出,让妈妈和双哥的姐姐到他们的出租屋住,母女三人睡床上,他打地铺。

就这样,姐夫睡了一个月的地板,身上长满了荨麻疹,又红又痒又痛。即便如此,姐夫也没有一句怨言,甚至没有表露出一丝不快,只让双哥的妈妈安心把病治好。离开北京前夕,双哥的妈妈悄悄对双哥说:"你没找错人。"

或许是这件事触动了双哥,也或许是心底的念想被妈妈这句话点燃了,她决定和姐夫结婚。恋爱可以一穷二白,但结婚不同,此时他们既没有车和房,也没有存款,甚至连买房资格都没有。

许多年轻人不敢"裸婚",贸然结婚,原本甜蜜的恋爱关系很有可能会因此变得剑拔弩张。没有物质基础,就意味着原本温柔可人的女生,要开始精打细算,与柴米油盐打交道;原本潇洒大方的男生,也需要节衣缩食,谋划更多的赚钱门路。压力之下，情绪躁郁，难免产生摩擦，两个人心生嫌隙，可能有一天会分崩离析。

经营一段感情很难，一张结婚证并不能给人十足的安全感。于是，很多人不会选择在物质条件并不宽裕时结婚，或者转而选择物质条件更好的人，说到底是对未来的结婚对象缺乏一点信任，也是对自己的不信任。毕竟一段婚姻代表着自己要毫无保留地将未来数十年的人生完全交托到另一个人手上，立下与他不离不弃的誓言，这是这个世间最沉甸甸的信任。

"人与人之间的信任，往往来源于共同经历过的每一件小事。和你姐夫在一起后，他无时无刻不让我充满安全感。既然如此，我们早晚都是要结婚的，不如早一点。"双哥在向我述说这段往事时这样感慨道。

当时，有很多男生追求双哥，物质条件都比姐夫好，选择他们或许能让双哥在短时间内少吃一点苦，但远不会拥有发自内心的快乐和幸福。在双哥心中，姐夫的孝顺和善良是金钱无法代替的。

很快，他们就结婚了。没有戒指、不度蜜月、不拍婚纱照、不买房子，只宴请了一些关系较好的朋友，在北京的小饭店里摆了几桌。结婚当天，双哥和姐夫都很高兴，在亲朋好友的簇拥下，两个人一杯接一杯地喝酒，直至双方都萌生出醉意。宾客散尽后，双哥和姐夫躺在他们的婚房里，借着酒劲畅想了未来的美好生活。

第四章
后浪的情感独白

说是婚房，其实还是那个 10 平方米的出租屋。因为结婚，他们添置了一个柜子和一台电动车，柜子和电动车上都贴了大红的喜字。屋里光线很暗，家具也旧得不像样，整个房间灰扑扑的，只有那几张喜字红得耀眼。

双哥的闺蜜后来还十分感慨："双儿啊，我没想到你就这样嫁人了，别人都说'裸婚'，你这简直是'裸婚'中的'裸婚'。"

没有人愿意"裸婚"，哪个女生心中对完美的婚姻没有期待呢？全天下独一无二的浪漫婚礼，帅气的新郎和装饰一新的婚房。双哥也曾这样幻想过，从学校踏入社会后，双哥感到在北京这个城市里，无处不充满"诱惑"。她每天拼命工作，连续加班两个月，最后在医院的病床上醒来。

手术后的康复期，双哥陷入沉思，她不停地问自己："有了钱自己就会很幸福吗？"答案是肯定的，但这个幸福会维持很久吗？答案也毋庸置疑——不会。因为有了房子、汽车，还想拥有更大的房子、更好的汽车，更多双哥未曾拥有过的东西。无尽的物质刺激会裹挟着双哥永不停歇地奔跑，直到她再也跑不动。

回想过去的这段时间，双哥只有在"朋友羡慕她的工资""老板评价她能干"的时候，内心才会感到一丝充盈，一旦有外界的声音告诉她"你不行"，她的所有信仰便会全部崩塌。过度关注外界的声音掩盖了双哥内心世界真正的渴求。事实上，如果要她在物质满足和精神满足上做一个选择，她势必会选择精神满足。

意识到这些的双哥，毅然踏入了"裸婚"的行列，她既不愿意牺牲爱情换取物质条件，也不愿被物质裹挟着忽视心底的声音。

所以，不是年轻人不愿意"裸婚"，爱情和物质也不是两元对立的，可以同时存在，只是在没有爱的婚姻中，年轻人认为不如退而求其次选择物质，给自己保留最后一点安全感。

像双哥这样愿意"裸婚"的年轻人，不是对婚姻不负责，而是他们的婚姻观、爱情观发生了转变。而促成爱情观转变的主要原因有两个：一是我们的生活水平提高；二是我们的独立意识越来越强。

或许是双哥的内心有一点这样的底气：即使婚姻不幸，我也能够活得精彩。她不需要依附自己的丈夫而活，所以她有勇气在一穷二白的情况下步入婚姻殿堂。

婚姻没有固定模板

虽然双哥愿意"裸婚"，姐夫却不愿一直让双哥过苦日子。无奈他所学的专业和以后的就业前景并不好，在现在的岗位上再发展十年，可能薪资也不会有很大涨幅。还没结婚时，姐夫就想过转行，但改变从来就不是一件容易的事，这件事也拖了许久。

第四章 后浪的情感独白

结婚"逼"了姐夫一把,他明白自己不能再"混"下去了,有一天下班后,姐夫带双哥吃了一顿"大餐",两个人照例走路回家。路上,姐夫吞吞吐吐地对双哥说:"老婆,我想去攻读博士。你也知道,我这份工作工资很低,现在能源行业很火,我想往那个方向发展。"

说完,姐夫一脸歉意地看着双哥,本来他的工资就比她少很多,现在他要攻读博士,虽说是为了家里以后的发展,却也意味着这几年的养家任务将全部交付给双哥。双哥没有丝毫犹豫便同意了,她知道丈夫这些天总是翻来覆去睡不好,心里也一定藏着事,既然他现在说出来了,就代表他做出了决定。

双哥知道姐夫心理压力很大,便安慰姐夫:"你看,我现在工资涨了点,每个月有8000元,咱俩租房子一个月才1500元,剩下的钱足够咱俩用了。"得到双哥的支持,姐夫很快便辞去了工作,专心备考博士,此时,他们才新婚三个月。

轰轰烈烈的备考开始了,比上班累得多。早上六点钟,姐夫就起床听博士英语听力题,他一开始是戴着耳机听的,时间长了耳朵生疼。双哥便让他放出声来,自己也跟着听,在纯正的美式英语中,双哥懵懵懂懂又睡着了。

白天双哥出门上班,姐夫在家里自学,学习之余,还包揽下家务活儿。晚上两个人在楼下的面摊上一人吃一碗素面,再相伴回家。回家之后,姐夫在桌上开始新一轮的学习,双哥窝在床上,拿出笔记本电脑办公,两个人互不打扰。

英语是姐夫的薄弱项,双哥"先斩后奏",瞒着姐夫给他报了四节博士英语课程,花了 1500 元。姐夫舍不得花钱报班,宁愿花费更多精力和时间自学,但双哥不忍心看他这么辛苦。后来双哥告诉我,这 1500 元花得值,姐夫的英语成绩踩线过了。

备考辛苦,读博士更是不易。这不是马拉松,更像是走迷宫,不知道要走多少弯路才能看清终点。攻读博士期间,姐夫不仅要面对学业上的压力和科研上的困境,还因为自己无法挣钱养家而倍感煎熬。为了缓解姐夫的压力,双哥把自己的工资卡交给姐夫保管。

不少人知道这件事后都为双哥鸣不平:"应该你老公供你攻读博士,而不是你供你老公攻读博士。""你这样养着你老公,不怕到时候得不到回报吗?"

"男人必须赚钱养家,女人必须相夫教子"这样的言论在如今的时代,虽然饱受诟病,可仍然有许多人奉为圭臬。人们总强调男女平等,可一旦遇到问题,又总会按照传统的思维定位自己。

比如,对于女性养家,周围的声音要么是"女性太强势会很累,倒贴男人没好结果",要么是"男人靠女人养着没出息"。然而,婚姻本就没有一定之规,我们也不必把自己限定死,婚姻的对等不是利益交换,而是精神能够交流。

双哥也从不担心回报问题,或者说她根本不需要回报。她与姐夫一路相互扶持,早已不分你我了。

第四章 后浪的情感独白

更何况，姐夫从来都没有坐享其成。姐夫的时间比较灵活，空闲时他会把家务活都做了，尽量不让双哥再花时间和精力在家务事上；双哥交给他的钱，他都花得十分谨慎，力争每一分钱都花在刀刃上。结婚后，双哥从来没有为家里的事情操心过，她笑言："我老公把这个家打理得井井有条。"

有一天晚上，双哥因为工作压力大，焦虑到凌晨两点钟还没睡着。她突然感到身旁的丈夫坐了起来，摸了一下，感到双哥身上没盖被子，立刻把被子给双哥盖上，然后又躺了下去。第二天双哥问姐夫："你知道你昨天晚上起来帮我盖被子的事吗？"姐夫说："我不知道啊。"潜意识里对于双哥的关注和照顾，让姐夫凌晨惊醒为双哥盖被子。

姐夫攻读博士六年，这期间虽然他们没有很好的物质积累，但在精神上却是双方重要的陪伴。姐夫博士结业答辩那天，底下坐了六七个院士、专家，双哥比姐夫更紧张。好在答辩顺利通过，在结束致辞时，姐夫站起来感谢自己的导师，然后郑重地朝双哥鞠了一躬说："感谢我的老婆。"

2018年姐夫博士毕业，7月份正式入职一家国企。双哥和姐夫的感情依旧很好，他们有了一个宝宝，还买了房子、汽车。每天他们都要抽时间聊天，一聊就是一两个小时，工作、生活、育儿，想到哪里就聊到哪里，把自己的所见所闻分享给对方。双哥还告诉我，如果他们两个人有一个晚上睡不着，另一个也会跟着睡不着。我打笑着说："你们这是心有灵犀呀！"

双哥和姐夫的相处模式，多少受到了双哥父母的影响。双哥在呼伦贝尔一个普通的家庭长大，贫穷是这个家庭的底色，但双哥的童年却是无忧无虑的。

双哥的父亲是一名铁道巡查员，零下三四十度的冬天，他还要冒着风雪沿着铁轨一路巡视。每次巡查完回家，双哥父亲的脸都被冻得通红，手脚都被冻僵。这时，母亲便会替他摘下带雪的衣帽，然后递上一杯热腾腾的姜茶，父亲接过姜茶大喝一口，然后笑呵呵地对母亲说："今天铁轨没啥事儿。"

然后一家四口坐上炕，吃着母亲刚烙的土豆丝卷饼，就着白菜炖土豆，看黑白电视机里播放的武侠片。土豆是双哥家餐桌上的常客，从她记事起，他们家就堆满了数不尽的土豆。别人家吃饺子，他们家吃土豆；别人家吃猪肉炖粉条，他们家还是吃土豆。

虽然日子过得紧巴巴，但在双哥的印象中，父母从来没有过争吵，也很少指责她和姐姐。贫穷没有让这个家庭充满矛盾，反而成为这个家庭的黏合剂。

婚姻没有固定模板，相互理解、相互扶持，用各自能够做到的方式让这个家庭更好，才是婚姻的正解。

选择结婚是因为爱，不是因为凑合

原谅我，我是一个婚姻悲观主义者，至少现在如果有人问我

第四章 后浪的情感独白

"会不会结婚",我会坚定地回答"不会"。

"结婚"对于我而言,是一个略显沉重的词语,它意味着我应该找一个可以并肩作战的、具有许三多精神的"战友"——不抛弃、不放弃,有和婚姻死磕到底的决心与勇气。或许是我的决心不够,或许是我没有把自己的勇气规划在这件事上,又或者兼而有之。总之,对于婚姻背后那一份沉甸甸的责任,我还没有伸手接过的打算。

我曾经很认真地、严肃地问双哥:"你选择姐夫是因为什么?如果换一个人,这个人不是他,你也会选择和对方结婚吗?"双哥思考了片刻说:"可能吧,只要我爱他就可以结婚。"当时,听到这番回答,我既佩服双哥的勇气,更深刻地知道婚姻的重要性。我想我不是不愿意结婚,也不是不愿意去爱一个人。相反,我相信爱情、相信美好的婚姻,所以我更加谨慎。

如果把结婚比做打游戏通关,那么你就必须得先打通恋爱这关,打通恋爱这关的标准得你自己定,但有一些通用的模板可以拿来用。

比如,自己要拥有一定的情绪管理能力,不随便乱发脾气;要拥有同理心,能站在对方立场理解对方;要拥有一定的共情能力,能理解对方的感受和状态;要拥有一些奉献精神,去爱对方,包容对方;等等。

当没有这些的时候,通过恋爱就可以获得,当然通过学习和阅读也可以获得一些。当拥有这些能力之后,作为一个恋人已经基本合格，算会谈恋爱了，也算是通关了。这时候需要的是有洞察能力，能很快地识别出对方是哪一种类型的人。

所以年轻人们，去谈恋爱吧，为了成为更好的自己。

无论"裸婚"还是不婚，都是你自己的选择。记得：成年人要对自己的选择负责。

徐老师

"00后"的原生家庭

"你的原生家庭幸福吗?"

面对这一问题,许多网友给出了自己的答案,其中有超4000人选择了否定的选项。他们似乎对于这一问题极其悲观。在他们的世界里,不幸福的原生家庭给他们造成了许多难以挽回的负面影响。

原生家庭是一个令人头疼的话题,我们确实无法选择原生家庭。但许多人将自己的失败全部归咎于原生家庭的不幸,原生家庭几乎成为新时代最大的"背锅者",对此我不敢苟同。

岁月漫长,原生家庭不是困住我们一生的枷锁。更何况,大部分的家庭并没有那么不堪,亲情依旧是治愈和救赎大部分人的重要力量。

人活一世,其实就是一场不断奔赴爱的旅程。在旅程中,我们会产生诸多不解,但最终也要学会和解。

不解：他们为什么不离婚

徐老师是一个说唱歌手。与他相识源于我对当下年轻人的好奇。在做青年访谈时，我希望了解一些与众不同的年轻人，徐老师所在唱片公司的经理人推荐了他。

第一次看到徐老师时，我感觉他和我想象中的说唱歌手相去甚远。徐老师年纪不大，戴着一副黑框眼镜，刘海盖住额头，看上去很乖。事实上，徐老师还在上大学，是名副其实的"00后"。但随着访谈的展开，我逐渐意识到，这个孩子讲述的事情比较沉重。在提问的间隙，我多次向他确认，是否会感到这些问题冒犯了他，他笑着回答没事，然后示意我继续采访。

一个小男孩正在房间里写作业，"啪"的一声，清脆的碗碟落地声音，随后小男孩将房门打开一条缝，怯怯地望出去。只见妈妈的脸被气得通红，呼吸急促，下一秒钟嘴里开始破口大骂，像一头被激怒的狮子。爸爸背对着小男孩，他看不清爸爸的神色，可从爸爸脖子上暴起的青筋，以及嘴里不堪的反击话语上看，爸爸的表情一定也很狰狞。

两个人对骂了一会儿，不知是谁再次摔起了桌上的碗碟，很快，一桌子的碗碟全部变成双方宣泄的武器，被一块一块地砸向地面，散落的瓷片像水花一样溅向四周，有一块盘旋着停在小男孩脚下。小男孩蹑手蹑脚地捡起那块瓷片，慢慢地从房门的缝隙中蹽步出去，他很害怕，他不知道爸爸和妈妈为什么争吵，他只

第四章 后浪的情感独白

能用稚嫩的声音喊道:"爸爸,妈妈。"

这个小男孩就是年幼的徐老师,这样的场景经常发生。从徐老师记事起,他的家中就没有一天不充斥着争吵。柴米油盐、人情世故,所有的一切都能成为他们"战争"的导火索。父亲和母亲都是倔强且固执的人,双方常常因为一个小问题争得不可开交,他们破口大骂、摔东西,甚至大打出手。

在父母吵架时,徐老师是被忽视的。哪怕他哭哑嗓子,正在气头上的两个人也不会停止争吵,他们都不愿意露出一丝服输的气息。

这是困扰徐老师十几年的难题,他不理解这一对像仇人一样的人为什么会结婚,人们常说孩子是爱情的结晶,他也不知道自己到底是不是在父母的期盼中降生的。

家庭关系就像一条河流的上下游,上游是夫妻关系,下游是亲子关系。当夫妻关系暗流汹涌时,下游的孩子自然会察觉到。尽管徐老师的父母会顾及他,总是在他们以为孩子已经睡着的夜晚吵架,但徐老师每次都会被惊醒,然后带着恐惧、焦虑入睡,梦里也反反复复出现父母吵架的场景。很长一段时间,他上课都会分心,总是不自觉地想,自己的爸爸和妈妈会不会离婚,是不是又在吵架。

"我希望他们离婚。"徐老师神色平静地说道。在父母日复一日的争吵中,徐老师已经麻木了。在这个家庭里,"将就"比离婚更可怕。徐老师的父母不是不能容忍对方的缺点,而是双方都没有任何继续相处的念头了,却还要坚持在一起。

在很长一段时间里,徐老师都不能理解父母的做法。后来年岁渐长的他才明白成年人的婚姻里充满了很多现实因素,打断骨头连着筋,剥离开来总是两败俱伤。

在过往的社会看法中,离婚被认为是一种"失败"。离过婚的人无论男女,通常都会被人戴上有色眼镜看待,认为他们一定是哪里"有问题"。徐老师的父母不愿在外人面前展露出家庭的不幸福,总是在外面"扮演"恩爱的夫妻,回到家关起门来依旧吵得天昏地暗。

徐老师是北京人,在寸土寸金的北京,徐老师家也只有一套房子,离婚意味着有人要搬离这个家,为了这个唯一的住处,他的父母只能"忍"在一起,向现实投降,在无爱的家庭里耗着。

还有一个最重要的原因,和许多感情破裂却依旧没有分开的父母一样,他们不想让孩子没有完整的家庭。孩子因为父母离婚产生心理问题,从而误入歧途的例子比比皆是。那时徐老师还未成年,父母离婚后意味着有一方将全力承担徐老师的生活、学习和教育工作,还得工作挣钱,他们无力保证自己能够做好,分歧巨大的两个人在这件事上莫名默契,准备等徐老师考上大学后再分开。

一想到自己为了孩子选择不离婚,他们的争吵变得更加心安理得。一旦徐老师没有按照他们的意愿行事,或者学习成绩下降,他们就会叫嚷:"我已经为你牺牲了这么多了,你为什么不能理解我？为什么这么不听话？"在不自觉中，父母将生活和情感的压力转移到徐老师身上，徐老师因此变得特别敏感。

在物质条件匮乏的情况下，家庭的冲突往往只集中在物质上，这种冲突是浅层的，只要物质条件得到满足，便能轻易化解。

随着时代的发展，当"70后""80后""90后"成为父母时，他们从父辈那里学到的解决浅层冲突的教育方式，已经不适用于教育在复杂社会环境中诞生的"00后"。

同时，这些年轻的父母们在社会急速发展中成长起来，本身的性格也更加开放、个性，在面对婚姻时，他们进入得很草率，一旦发现另一半与自己存在观念、行为冲突，第一时间想到的往往不是补救，而是放弃这段关系。

在吵了十几年后，徐老师的父母终于决定放弃这段关系。在徐老师高二的一天早上，他们又大吵了一架，吵架的原因徐老师记不清了，只知道那次吵得"惊天动地"，连他都参与进去了。这次争吵的结果是徐老师的母亲收拾东西离开了家，再也没有回来。

徐老师就这样开始了单亲家庭的生活，没有母亲的日子对于他与父亲而言，似乎也并不是一件多沉重的事情，反而为这个家"赢"来了久违的轻松，那股将所有人束缚得无法喘气的压抑一时间没了踪迹，倒是有一丝让人叹息的庆幸。

除了见不到母亲心里难受，徐老师认为这样的生活也还不错。

难解：为什么我做什么他们都要反对

当父亲与母亲的分歧以近乎放弃的方式和解后，徐老师与父亲陷入另外的争端之中。这也是一个家庭中的"世纪难题"——父母不支持孩子的兴趣爱好。

当父母的争吵无所遁形时，徐老师选择戴上耳机，暂时从压抑的气氛中抽离出来。渐渐地，徐老师寻求到了另一种精神寄托，那便是说唱音乐。

徐老师很喜欢说唱音乐，上厕所要听，跑步要听，连写作业也要听，不仅听，他还自己创作，他经常埋头写歌词，熬夜熬到凌晨三点钟。

说唱音乐在年轻人中是潮流，但在父母眼中却是怪异行为。一些说唱音乐歌手非常特立独行，常常打扮得与众不同，他们的父母也很难接受。

更何况，徐老师此时正值高二，还有一年便要步入紧张的高三生活，正面迎接高考，他在这种关键时刻，耗费大量时间在说唱音乐上，他的父亲很是生气。

但是，对于年少的孩子来说，谁不会怀揣着一份令人着迷

第四章 后浪的情感独白

的梦想，并深深地陶醉其中呢？父母却并不能理解这份痴迷，总会认为这是一种"不务正业"，并且想尽办法要将我们重新引入"正途"，让我们全心全意地投入到学习上。

徐老师的父亲自然免不了这份俗，他坚信，只有孩子将心思全部放在学业上，将来才能有真正靠得住的出路，那些被热血与激情推着走的兴趣爱好，终究不是可以当饭吃的"正道"：一来这些东西不免有"一时兴起""三分钟热度"的嫌疑，现在的徐老师又怎么保证未来的自己仍然会一直热爱说唱音乐呢？二来，在说唱音乐上投入精力后，徐老师的学业难免受到影响，如果连文凭都拿不到可怎么办呢？

即便徐老师最终在自己的爱好上坚持下来了，可是对于音乐这种艺术行当，尤其是受众较小的说唱音乐，如果他的坚持与热爱换不回"出人头地"的成就，甚至难以养活自己怎么办？到时候如果再想走顺顺当当的读书路，早就跟不上大部队了。

徐老师的父亲严令禁止他再创作说唱音乐，将他的所有电子产品没收，一有时间就监督他学习。徐老师对此能够理解，却不能接受。

徐老师认为每个人都有决定自己人生走向的权力，作为一个具有独立思想的正常人，为自己选定的梦想赴汤蹈火难道不该是自由的吗？即便是身为长辈的成年人，也有自己喜欢的东西，他们听了几十年的大道理，都不能完全戒掉，又怎么能要求孩子一定要做到呢？

当然，这些是他私心的小情绪，然而从客观层面而言，也确是如此。父母不应该不顾孩子的感受随意安排孩子的人生，虽然血浓于水，可父母终究无法陪伴孩子一生，真正能陪着孩子从生到死的只有他自己，如果他的人生不能由自己决定，那么他在这世间的每一天又是在为什么而活呢？的确，父母试图干涉的本意是好的，他们每一个安排与决策，都是根据自己丰富的阅历做出的推论与判断，那些苦口婆心不过都是为了让孩子能少走点弯路。

可是谁又会甘心放弃自己的选择权，活成他人的提线木偶呢？

其实，这种事情也并不是只有"强硬安排"与"彻底放手"两种选择，父母如果确实认为自己的判断与建议更适合孩子，也更符合现实社会的处世逻辑，那么可以向孩子提出来，但或许应该换一种语气——不再高高在上地"命令"孩子，而是认真、平等地提建议与尝试说服。与其生硬地直接要求孩子怎么做，不如向孩子认真剖析现实利弊，将他视作一个思想独立、行为自主的小大人，让他自己真正理解之后做出选择。

常言道，三十年河东，三十年河西，如今社会发展变幻纷呈，早已不是三十年一个样子了，甚至是十五年、十年一个样子。长辈们虽然比后辈多了许多阅历，可是如今谁又能保证自己年轻时的经验与看法依旧适用呢？

父母给出的选择，真的还适合年轻的一辈，以及这个全新的世界吗？

既然谁都没有十足的把握，那么父母自然很难有足够坚定的立场去认定自己眼中的路是唯一正确的路。与其将孩子的视野锁死，不如转换思路，当作自己是在为孩子打开一个新的世界。如此心态，尝试着将自己从孩子的"人生导师"转变为孩子的"幕后支持者"，自己也不会太过偏执，孩子也更愿意接受父母给予的意见。

可惜彼时徐老师的父亲并没有这样的想法，双方谁也不让谁，但高三迫在眉睫，徐老师的父亲不愿再与徐老师纠缠下去，便主动与徐老师商量，要求他先暂停他的音乐事业，专心准备高考，考上大学之后，便不再阻拦他。

徐老师也知道自己当下的身份是学生，完成学业才是最紧要的事，只不过与父亲争吵后不愿主动低头。既然父亲愿意妥协，他就答应父亲，先踏踏实实完成学业，过了高考这一关，然后再去想他的音乐事业。

和解：在生命面前一切微不足道

徐老师后来对自己当初犹豫着选择妥协感到十分后怕，因为自己差一点想要固执地坚持自己的想法，而如果当时他做了另一种选择，这或许将会成为他一辈子难以与自己和解的遗憾。

那时的父亲其实已经病重,没日没夜地咳着,但徐老师心里着急自己的高考,毕竟对于他来说,无论是哪种选择,只要自己做出了决定,就一定会认真地负责到底、倾尽全力——白天上课,晚上就将自己关进房间,一头扎进知识的海洋,两耳不闻窗外事。他自然也没有注意到躲进屋外卫生间咳到吐血的父亲。

直到告别这个家许久的母亲再一次出现在父子俩面前,徐老师才猛然从布满公式与单词的知识海洋中惊醒:父亲的脸色已经如此糟糕了。病重的父亲深感自己实在难以像健康的正常人一样支撑下去了,只好低下头来给母亲打了电话。

母亲沉默着将父亲送到了医院。在医院安顿好父亲后,一路冷静少言、几乎没怎么和徐老师对视过的母亲塌下肩来,好像终于能暂时丢弃那股强撑的坚强,望着徐老师轻轻叹了口气:"儿子,你爸住院了,今天起咱俩一起生活。"

母亲的眼睛里虽然没有泪,却含着一股湿漉漉的无奈与愁绪,还有一些愧疚,那时的徐老师不能理解母亲眼中复杂又矛盾的情绪,可不知怎么的,它却惹得徐老师想哭。

徐老师对于母亲能在父亲病重时回来照顾这个家万分感激,彼时几乎没有亲戚愿意来照顾重病卧床的父亲,因为谁都不知道这一接手将要耗去多长时间,更何况还有一位正在备考的孩子。可是母亲回来了,她再一次撑起了这个家。

只可惜,父母的关系并没有因为这场变故缓和,他们的争吵依旧频繁且琐碎,父亲即便卧病在床,嘴上的精神劲儿也不见减,什么事都能让两个人争上一争。每当这时,那些因为这场变故而萌生的"或许一家人不分开才是最好的选择"的念头,就会立马销声匿迹。

"还是分开好,合不来的人怎么样也合不来,多在一起一天都是一场痛苦的折磨。"徐老师认为,父母的争吵并没有太多对错可以辨明,纯粹就是两个人无法严丝合缝地一起走下去。

父亲的重病让徐老师第一次耐心且冷静地思考父亲的为人。其实,父亲在徐老师心中原本一直是异常坚韧的形象,但除此之外,徐老师很少去琢磨父亲对自己的爱。他意识到,父亲其实一直都在尽力向他倾注最多、最好的照顾。

这次父亲病倒,许多回忆蜂拥而至,挤占着徐老师有限的大脑,他第一次感受到内心深处萌发的恐惧,这让他一时间难以专心学习,模拟考的成绩出现了大滑坡。这也仿佛给徐老师浇了一盆冷水,他清醒地意识到,父亲的坚持和母亲的回归,虽然也是"强"压在他们身上的责任,但同时也是他们各自为自己负责的选择——每个人做出的某一种选择,都并不是完完全全脱离自我的"奉献"。

眼下的自己,拿下一个好成绩并不单纯是在"为父母而学",而是在挑战自己,在向这个世界证明自己的能力,在为自己的未来负责,也在与自己的偏执和解。如果父亲和母亲这么固执的人都能在危机面前克服种种人性的弱点,那么自己为什么不能做到呢?

于是，徐老师重新整理好心态和思绪，认真应考，父亲也心有灵犀一般一直坚强地对抗病魔。或许命运的确会眷顾所有有心人，徐老师最终顺利升学，父亲也在反复折磨的病痛中挺了过来——这期间父亲甚至还直面了脑梗的挑战。

意外的收获是，曾经从婚后没多久就争吵不断的父母，倏忽间和解了，或许是双方年纪已大，心态更加成熟，那股任何事都要争个输赢的任性与倔强都淡了；也或许是这趟如过山车般惊心动魄的病痛折磨让两个人都更加珍惜这般真情，父母都不愿再揪着鸡毛蒜皮的小事较劲了……一场盛大的和解在喧闹了十多年后终于浸润了这个家，浸润了三颗在疲劳过后仍然坚持跳动的心。

当每个人都不再以"自我感动"的角度思考自己的选择时，当所有人都从更全面的自我责任的角度出发时，那些争吵与矛盾似乎都微如细尘。

董金海

听说成年人难寻真友谊

成年人的友情有多脆弱？一句不称对方心意的话语，一个因立场不同做出的行为，都有可能使一段友情走到尽头。尤其是产生利益冲突时，别说雪中送炭，不落井下石就不错了。

低质量的社交令人身心俱疲。于是，很多年轻人不愿意将自己宝贵的时间和精力花费在维系友情上。他们不结交朋友，除家人外，与其他任何人都保持着"淡如水"的君子之交状态。

但我"北漂"七年，却遇到不少志同道合的朋友。如何维系成年人之间的友谊？很简单，以真心换真心。

年轻人的友谊不需要铺垫

"呃,不好意思,请问介意我坐这里吗?"

一声语气迟疑的问候打断了正在啃汉堡的我。我看到了一位表情略显局促的朴实大男孩儿,他搓着手目光闪烁地看着我。

这是青年旅舍的公共大厅,总共只摆了两张桌子,另一桌坐着几位聊得火热的外国人,我马上意识到这位二十岁出头的青年大概是个腼腆内向的性子,欣然应允后我不自觉地与他攀谈起来。

他告诉我他叫董金海,来自云南的一个偏远小山村,一直以来都规规矩矩地认真念书,终于幸运地考进了安徽的一所"211"大学。这在董金海的家乡已经是不错的成绩了,可当真正身处"群英荟萃"的大学时,他发现成绩已经不是衡量一个人优秀与否的唯一标准了。他的同学们来自五湖四海,拥有着出众的才艺、开阔的视野和优越的家境,只有成绩傍身的他从村里的"天之骄子"一下子变得平平无奇。

少年的骄傲被击垮,董金海变成了一只鸵鸟——把头深深地埋进了沙子里,默默无闻地度过了四年。眼看毕业在即,董金海不愿再做一只逃避现实的鸵鸟,抱着突破自己的想法,他往北京投了实习简历。

虽然我和董金海走了完全不一样的路,但我却莫名觉得我们心中的某种渴求是同频的。当时的我还在腾讯实习,身边接触到

第四章 后浪的情感独白

的都是经验丰富的前辈,几乎没有遇上仍然对这座城市和自己的未来充满好奇的"同道中人"。眼前偶然相识的董金海,让我感受到了一种久违的亲近感。或许"北漂青年"身上都有一种相似的磁场,将我们牢牢地连接在一起。

董金海似乎也很开心能与我认识,然而逐渐放松的他得知我在腾讯实习后,忽然又有些局促起来,望着我欲言又止。在我的再三追问下,董金海才叹了口气,略显沮丧地向我和盘托出了自己的苦恼。

原来这竟是董金海在北京的最后一天。当初成功得到了实习机会的董金海,兴冲冲地北上,以为自己的"北漂"之路就这样开启了。实习的地点在中关村,虽然他要去的是一家在线教育培训机构,和高精尖的科技工作还差着很远的距离,但能在人才云集的中国"硅谷"打卡上班,董金海对自己未来发展的期盼仍然热切。

他也的确将自己的能量发挥到了极致,成为同批实习生里出类拔萃的存在。他很快成为团队中的小支柱,赢得了领导的赏识。然而,这种顺利并没有持续多久,很快,他被迫陷入了办公室斗争,一直以来只懂得做好自己眼前、手中的事情的董金海,完全摸不透那些人心、人性上的弯弯绕绕,就这样毫无抵抗之力地成了"牺牲品"。

被迫离开的董金海十分伤心,他一直认为许多事情只要自己尽最大的努力,就可以收获一个好的结果。在人生的前二十年里，他也的确是这样一步一个脚印地走上了光明的坦途。可是现实却偏偏选择在这种时刻为他敲响警钟——这种让他快要收获一场足以改变命运的阶段性成功的时刻，却用冰冷的现实在他眼前留下一句"太天真"。

这场打击几乎快要打散他刚刚积攒起来的自信与底气：如果是能力不够，他还知道该怎么提升自己，他还能找到重新前进的方向，但是人心的争斗让他倍感无能为力，除了疲惫地叹气，他不知道自己应该做些什么。

"以后可能没有机会再来北京了吧？"说出这句话时，董金海无奈地笑了笑，眼中却是满满的眷恋，"我今天白天去了趟清华大学，那是我从小就向往的地方，以前觉得自己只要够到了清华大学，以后的人生就一定没有什么好担忧的了。当然了，我也没够到，可是现在，我忽然有些怀疑，就算我高考那年够到了清华大学，我难道真的就没有什么可担忧的了吗？"

我明白他话中饱含的苦涩与辛酸，同样从小地方出来的我，即便自恃在计算机方面有一些天赋，也常常因为底蕴不足感到泄气。

"要不你去腾讯实习吧，我给你做推荐人。"想到这里，我脱口而出。

年轻人的友谊总是来得迅速又突然，就像梁晓声在《人世间》中写道的那样："年轻人之间的友谊是不需要铺垫的，也没有预备期，往往像爱情一样，一次邂逅、一场电影就能自然而然地产生火花，可能并不持久，像礼花似的。但是在其绽放之时，每一朵都是真诚的。"

当时的我也只是一个不知道能不能转正的实习生，前途未卜，却也因为看不惯"人间疾苦"，做了一回"扶危救困"的大侠。殊不知，只是这一句话，便拉开了我与董金海友谊的序幕。

一场史无前例的成功"投资"

都说成年人的友情是风险投资，夹杂了许多复杂的东西，就像收益不定的股票，不到最后一刻，不知道结果是盈是亏。

初入职场的我显然不知其中真意，又因为年岁尚小，全然没想过自己会因为职场上的尔虞我诈栽跟头。

还未遇到董金海之前，我曾与同组的另一位实习生交好。他比我后进来一段时间，是名校毕业生。那时我没有上过大学，对于名校毕业的人天然带有钦佩和仰慕之情，于是我尽心尽力地回答他的所有问题，带他更快了解公司，工作上我有什么想法也会主动与他探讨。

但没想到的是，有一次我们的导师布置了一个任务，要我们制订方案，我同往常一样和他交流想法，他表面上说我这个方案不好，暗地里却按照我的想法拟订方案，然后提前交给导师。好在我又重新做了一个方案，不然还得背上"抄袭"的罪名。

事后我质问他为什么这样做,他却狡辩道那是他自己的方案。我拿不出证据证明,只能打定主意不再与他来往。

在职场上,这种事情比比皆是,大部分同事虽然没有勾心斗角,却只是维持着表面的体面,从不轻易在他人面前交底。在职场上要想交到真心朋友,就要做好"真心错付"的准备。

事实证明,董金海的确值得帮助,我对他的"投资"获得了史无前例的成功,他成了我当时在北京最好的朋友、伙伴。

他是一个肯吃苦、韧性强的人,而且与职场上那些"心眼多"的同事相比,董金海简直纯粹到了木讷的程度。

为了尽可能地减少支出,他买了一张行军床放在办公室里,每周一到周五,单位就是他的家,只有到了周末的时候,才会"奢侈"一把住进青年旅社。他总是会加班到夜里十一点钟,在大楼几乎空无一人的时候,将窄小的行军床搬到会议室摆开,就这样蜷在上面睡一整晚。夜里的会议室留下的不仅仅是空荡,还有寒气。那段时期,我每天早上见到董金海,他的双眼都红红的,可没有人从他的嘴巴里听到过一句抱怨。

除了没地方住,董金海甚至连饭都吃不上。为此,我装作不经意地把免费的快餐券给他,对他说我"吃腻了",让他帮我解决。董金海也知道我是在帮他,得了我的"好处"之后也总想着回报点我什么,虽然可能是帮我晾一下衣服、打一下饭这样的小事,但足以证明他不是一个爱占便宜的人。

董金海总是抓紧一切机会学习,或许因为我是他心灰意冷时

第四章 后浪的情感独白

抓住过的唯一一根绳索,所以他对我十分信任,任何不明白或者不熟练的业务都会向我请教。我仗着自己在这一行当的经验比他丰富,也主动向他传授了不少自己的经验,想要帮助他避开那些我自己走过的雷。他总是点着头几乎照单全收。

我意识到,在我面前摆着的是一个极其简单、干净的朴实之心,即便没有那么多弯弯绕绕的时候,大家也都习惯于在自己的心外套上一层透明的盔甲——你好像正看着他的心,但却永远会隔着一段距离。

绝大多数人都用点到即止的信任为自己编织出保护罩,而明明刚刚受过一次伤害的董金海,却还是愿意用自己赤诚的心面对一切——这份在人心难测的职场上打着灯笼都难找到的朴实的信任,也深深地影响着我、吸引着我。于是,我总是想方设法地帮助他,不仅限于职场,生活上我也想尽办法为他多做些什么。

虽然我比他小许多岁,但在生活经验上我几乎成为他"长辈"一样的存在。因为董金海是农村家庭出身,所以他从小到大都没有太多的拥有感,他只知道自己应该好好念书,念好了书就可以改变自己的生活,却一直没有人告诉过他应该怎么生活。

他就像一直朝着一团朦胧雾气走去的脚步不停的行者,知道自己应该这样走下去,却不知道怎样才算真正到达。

但是,从小到大的闭塞环境并没有将他培养成一个固执、古板、自我封闭的人,他的确内向,也没有太多天马行空的活跃思维,但他适应能力极强,并且意外地拥有一个非常开放的思想。

面对所有他不了解、不熟悉的东西，他都愿意主动尝试、主动学习。

于是，我开始手把手地教他怎么使用地图软件进行导航，怎么使用打车软件叫车，我告诉他可以在哪些软件上点外卖、怎么样点可以最省钱，他像学习工作技能一样认认真真地了解着这些新时代的产物，一步步迈向这个真实的世界，一点点学会享受生活中的所有便利。

工作之余，我们常常计划各种各样的活动，逛景点、看电影、听相声，所有感兴趣的、没尝试过的，都在我们俩的周末计划里。

有一次，我们偶然得到了两张明星演唱会的门票，两个人一下班就兴冲冲地坐上公共汽车往演唱会场地赶去。结果两个不熟悉北京的人，不小心坐错了车，本来应去雍和宫看演唱会，我们却跑到了天安门，下了车看时间不够，还气喘吁吁地跑了好久，结果最终还是没看上那个演唱会。回来的路上，两个人都很失望，毕竟这是人生中第一次接触"名人"的机会。

在这段满北京城乱跑的日子里，我们交换了许多理念，探讨了最真实的"三观"。其中印象深刻的思想碰撞，都发生在公共汽车上。

那趟公共汽车是我们下班常坐的，每次我们都会在车上交换我们白天工作中的问题与灵感。董金海会问我这一天有什么心得收获，我也会问他今天遇到了什么麻烦，而往往在讨论到对某件事情的看法时，我们就会发生一些争执，两个人毫不相让地互相反驳。

我是典型的理性思维，加上在互联网方面的理解更透彻，所以对于许多问题的感知会比董金海更敏锐，而董金海平时非常喜欢读书，他的思维方式会更感性一些，因此常常会一时间不理解甚至不认可我的观点。

我们俩的争论时常以他说不过我暂时告一段落，这种时候他会很不服气，认为自己好歹是即将在"211"大学毕业的大学生，怎么总是被我这个不走寻常路的孩子给"制服"；我见他不服气，心里一时间也会有些抱怨，认为自己好歹在互联网行业积攒了许多年的实战经验，怎么还"搞不定"一个刚刚入行的初学者。

其实这些时刻已经可以用"争吵"来形容，两个大男生在公共汽车上扯着嗓子辩得不可开交，这个画面怎么想怎么滑稽。可是，无论我们在车上吵得再热闹，我们之间的友谊也从来没有因为这些思想碰撞而出现过裂痕，公共汽车的台阶就好像一个特殊的开关，每当我们走完那两级阶梯，我们就又回到了仿佛什么矛盾都没发生的状态，该玩闹、该聚会，一切照旧。

事实上，慢慢长大，更加成熟之后，我们都发现了对方当初那些观念中的珍贵之处：董金海扎实的学识与感性思维的确很有分量，他也逐渐意识到我的经验之谈很有参考价值。

你瞧，我们对许多事物的不接受、不理解，其实都源于我们的"无知"与"短视"，它们在这里并不是贬义词，而是人在

后浪 | 跑赢不确定的未来

成长过程中必须经历的人生状态。如果当初我们因为自己的"无知"与"短视"埋葬了这份难能可贵的友谊，我们各自的成长也许还会遇到更麻烦的瓶颈。

总有人说，离开了校园的"成年人"很难收获真正理想化的友情；也总有人说，"物是人非事事休"。可我与董金海之间却好像完美闪避了这两个令人无奈又头疼的问题。岁月流逝，我们也在不断地成长、变化，可是我们之间的那份友情却好像一直都有着 100 分的保鲜度——在最初相遇时就像完美咬合的齿轮，并且始终严丝合缝地转动下去。

我当然不认为我与董金海的友情是孤例，也许我们只是比更多人多了一点点耐心，多了一点点主动与包容——也许做到这些的每一个人，都将足以在这个浮躁的社会收获一股清流。

成年人的友谊是悄无声息的

少年间的友谊像晶莹剔透的水晶，形影不离的好友总是恨不得什么事情都手牵手一起去；成年后的大家，却被生活与工作拉扯得东奔西走，别说朝夕相处，偶尔见一次面都成了奢望。

历尽千帆，我们在分分合合的许多个瞬间，明白了成年人的友情法则。

董金海的实习期很快结束了，他回到学校处理接下来毕业相关的各种事宜，在毕业前他接到了一家知名企业的录取通知，一毕业就马不停蹄地赶到深圳入职，并且很快就被派驻到了国外。

董金海离开北京的那天，我因为工作原因不能去送他。然而当我晚上回到青年旅舍时，却发现我的床前摆满了衣架、脸盆等生活用品，董金海把他的东西都留给了我。虽然这些东西并不值钱，甚至还是用旧的，但对于当时的我们而言，它们就是生活中琐碎的全部，这些东西就像"友谊勋章"，每一件都在讲述一段独家记忆。

一段合拍又长久的关系，一定是两个价值观相投——并且能一直相投的人相互欣赏的关系。时间与空间在志趣相投的人身上无法创造嫌隙，却能让相反的两个人越走越远。

庆幸的是，我与董金海不是那对相反的人。

分开之后，我们被几两碎银困在鸡飞狗跳的职场与生活中，连陪伴家人都需要"挤一挤"才有时间，更何况分隔异地的朋友呢？大家能够在微信上聊聊天，通通电话，就已经是足够温暖人心的牵挂。

好的友谊不必朝朝暮暮，却总是心存惦念。老友不必常见，便会在不经意间常常想起。和同事同坐一辆公共汽车，回想起曾经在车上互相斗嘴的片刻；在街头买份汉堡，就会想起让我们结识的那次聊天；赶一场时间紧张的电影，当初一起火急火燎要去看演唱会的口了又会跃然眼前……

思念无处不在，不必表达出口，不必日日相对，也始终亲

第四章 后浪的情感独白

昵地存在心间，就好像我们从未真正地分离，异地也依旧心意相通。

职业轨迹的变化导致我和董金海分别多年。虽然相隔千里，但我与他一直保持着联系，知道他要到北京参加展会时，我的内心欣喜万分。

那时董金海已经向公司申请从深圳调回了老家，前往北京参加展会的机会也来得凑巧，这意味着两位久别的好友终于有机会重逢，但与此同时，许多苦恼也不期而至。正值新冠肺炎疫情期间，每个地区都多多少少有些警惕临时造访的外地人，董金海在约我见面前一直担心我会因为疫情原因婉拒邀约，而我也在收到消息后担心起周围人常念叨的"物是人非"。毕竟，疏于维护，任何感情都会变淡。

连一直相处在身边的人都不可避免会出现裂隙，更何况相别六年的人呢？

而真正到了见面的那一刻，在小酒吧里对坐的我们都意识到，那些忧心忡忡的顾虑之于我们根本就是浮云，六年的阅历让我们都成长为更优秀的自己，董金海被改变得彻彻底底，他已然从一个在办公室睡行军床的毛头小伙子变成了西装革履、气质非凡的社会精英。可我们之间却没有任何的生疏与隔阂，仍然是当初着急忙慌跑错演唱会场地、气喘吁吁互骂对方"傻"的少年。

其实，我们也没有聊太多新鲜的话题，无非就是我们的近况，那些工作与生活中琐碎得不能再琐碎的小事，有吐槽，有惊喜，总是一个人抛出半句，另一个人就能立马捕获对方的情绪。

在现实面前，我们每个人都是无计可施的普通人，我们需要被迫做出许多违背意愿的选择。但是，我们还可以自由地选择情绪，选择真正的朋友。只言片语间，我最大的收获就是感受到面前的这个男人还是我认识的那个人——至少在我面前他依旧如故。人没变，感情也没变，那些记忆更不会变，那么未来呢？我忽然很自信地认为，未来也一定不会变。

这种认知让我内心十分欣喜，而我也马上意识到，这份友谊的特别与难得其实早就在最初显露无遗。除了他那股俗世少有的真挚，我与他的相处模式也一直是最理想的友情状态——"有空"招之即来，"没事"挥之即去。成年人的友谊都是悄无声息的，渐行渐远是人生常态，有时间就聚一聚，没时间就各自奔赴美好前程，但心中永远为对方留着一个位置。

第五章 30岁，一切刚刚好

30 岁前，
我的成长法则

多年前，一位年长我几岁的前辈问我："'三十而立'，你觉得'立'的是什么？"我思忖良久，找不到精准的答案。几年前，总觉得自己还很年轻，还可以任性。直到今年，我突然意识到自己快要跨入30岁的人生。记得很早前看的电视剧，程又青说自己进入30岁的"初老人生"。"初老"这个词用得如此精辟。现在想来还是记忆深刻，内心深处在颤动。

在与身边的"90后"朋友交流时，"三十而立"常常出现在我们的交谈中。其中有焦虑、困惑，也有正在积极地寻找自己30岁意义的热切。

有人困惑："30岁以后努力还有意义吗？""30岁的人，拿不出1万元正常吗？"

有人焦虑："30岁的人生有多无力？""如何对待30岁的焦虑？"

有人提问："30岁的你，现在收入多少？""'90后'的你现在拥有多少存款？"

有人倾诉:"30 岁,很迷茫,很痛苦。""30 岁重新开始晚吗?"

听得多了,我也开始思考:对于我们"90 后"来说,"三十而立",到底应该"立"什么?

要回答这个问题,我有三个维度思考:

一是 30 岁之前的人生,决定了 30 岁"立"什么,所以我们要知道 30 岁前的成长法则。

二是人的成长并不只在 30 岁,所以 30 岁并不是我们的终点,我们的人生才刚刚开始。

三是在 30 岁后的人生中,我们依旧需要不停地探索,告别"伪社恐",同时敬畏生命。

先来聊聊 30 岁前,我的成长法则。

30 岁一无所有,是 20 岁不够优秀

在电影《老男孩之猛龙过江》的结尾,王太利对肖央说:"毕业了这么久,生活过得还是一塌糊涂,你说我们这辈子是不是完了?"肖央望着远方,回答道:"就当我们今天才毕业吧。"

无数年轻人在学生时期,踌躇满志,期望自己毕业后大有所为,开辟出自己的事业。然而一眨眼到了 29 岁,他们才发现在现实的打击与磨砺中,自己依然一无所有,一地鸡毛。然后

他们为自己找了一个冠冕堂皇的借口:"人总是在不断变得平庸,我们也要接受自己的平庸。"于是,他们干脆躺平,得过且过。

在彪哥的啤酒屋喝酒时,曾经有一个年轻人引起我的注意。他总是一个人来喝酒,也不多喝,几杯啤酒喝完便起身离开。机缘巧合下我和他坐到了同一桌,向来喜欢与人交流的我立刻打开话匣子:"你好,我见过你好几次了,为什么你总是一个人来喝酒?"

他抬头看了看我,然后笑着说:"你还年轻吧,我马上30岁了,但我没有存款、没有房子、没有汽车,就连工作都要保不住了。"我一怔,不知该如何劝解他。或许是趁着酒意,也或许是因为我只是一个素不相识的陌生人,他继续对我袒露道:"我的内心有一个声音不停地在劝我:'算了吧,你的人生就这样了。'可另一方面,我还是不甘心,我不想就这样离开北京。"

我不能学着肖央告诉他,就当他还有很久才到30岁,这对他并没有帮助,我只能告诉他,许多人的30岁都是如此,但并不妨碍他们30岁之后大有所为。

我30岁的时候会大有所为吗?我不得而知。但唯一可以知道的是,不是一过30岁生日便开始顺风顺水,30岁的成就,往往从20岁就开始积累。20岁不够优秀,30岁一无所有。

许多年轻人包括我自己,在20多岁时都有过以下三"不",导致自己在30岁时,恍然回首,才发现自己一无所有。

一、不专注

30 岁还一无所有的主要原因是不够专注。

年轻人总是意气风发，脑子里随时随地能冒出无数个想法。这是年轻人的优势，却也在很大程度上使年轻人不够专注。

《本经阴符七术·养志法灵龟》中提到："欲多则心散，心散则志衰，志衰则思不达。"一个人如果心浮气躁、朝三暮四、得过且过，就难以集中自己的时间、精力和智慧，做什么事情也只会是虎头蛇尾、半途而废。即使一开始立下凌云壮志，也会因为不够专注而分心，注定不会有所收获。

我在刚刚进入职场时，便犯过这样的错。为了证明自己的能力，我一口气接下好几个项目，想着每天加班加点，做出别人做不到的成绩。但事实证明我的想法是错误的，项目一多，我的精力便被分散了，我无法专心致志地做好一个项目，在做这件事情时，总是想着那件事还没有做。最后，我只得重新调配时间，专心将一个项目完成好，再去做下一个项目。

在这个信息高度发达的时代，我们接收到的信息越来越碎片化，我们可以反思一下，自己是否经常有以下举动：在一个个短视频中不知不觉沉迷到凌晨，看完之后除了笑过两声，最后什么都没留下；打开书籍准备阅读时，才看了两行字就开始犯困，最终这本书被束之高阁，再也没有碰过……

瞧，很多人都在被零散的信息带着跑，一旦失去专注于某样事物的能力，他们必然会走下坡路。好在一切还不算晚，人生漫漫，重新专注起来，集中精神，一切都来得及。

二、不学习

学习力就是竞争力。

在当今社会，任何企业、单位中的核心业务都是复杂的知识工作，员工只有不断输入知识，才能有东西输出。两个同样起点的年轻人，数十年后差异很大的重要原因，便是他们是否坚持学习。

我是高中学历，我清楚地知道我与那些名校毕业生之间隔着一道"天堑"。要想缩小差距，我只能不断学习。于是，无论走到哪里，我都带着一本书，或是职场工具书，或是文学性书籍。这个时代变化太快，如果不抓紧一切时间学习，很快就会被时代淘汰，被同龄人远远甩在身后。所有的贫穷都是思维的贫穷，一个学富五车、思维活跃的人，什么时候都不会一无所有。

三、不存钱

许多年轻人信奉"今朝有酒今朝醉"的消费观，甚至超前消费，美曰其名"花明天的钱，在今天享受"。这就是年轻人在30岁时一无所有的另一个重要原因——不存钱。

缺钱是人生的常态，人们的欲望总是无穷无尽的，尤其是年轻人的欲望。然而日日笙歌、赚多少花多少，到30岁时发现自己还需要借款平台才能生活的年轻人不是没有。

也有很多年轻人有存钱的想法，但却存不下钱。因为他们以为的存钱是把想花的钱花了，剩下多少就算存了多少。但真正的存钱根本不是如此，真正的存钱是想尽办法降低自己的消费，将钱省下来。

举个简单的例子，我们都喜欢喝奶茶，有的年轻人将每日一杯奶茶纳入每月必需消费中，实际上我们需要每天喝一杯奶茶吗？并不需要。一个星期一次或者两个星期一次，非常想喝时才买一杯。精打细算，才是存钱的正确方式。

30岁前，选择做什么样的人很重要

前些日子，有人提问："彬彬，你当年为什么选择去北京发展呢？"思绪一下子把我拉回到七年前。

2014年，知乎上出现一则名为"背井离乡，为什么年轻人愿意打拼'北上广'？"的问题，答主王远成用亲身经历作为样本，讲述了自己当年从三本大学毕业到上海逆袭成白领的故事。这条回帖很快引起了广大网民的疯转，甚至引发了《人民日报》《人物周刊》《青年报》等媒体争相报道。

电脑屏幕前的我注视着王远成的回答，不仅佩服王远成的勇气，更被他的传奇经历、大城市的魅力深深吸引。我暗暗下定决心，一定要去大城市闯一闯，路途再遥远、条件再艰苦，我都不怕。

记得刚到北京时,我还只是一个刚满 18 岁的毛头小子。在招待所住了一晚后,我的伯乐党金接待了我,他带我办理入职手续,把我安置在公司附近的青年旅舍里。那是许多年轻人到北京的"中转站"。刚到北京的年轻人,因为身上没有多少钱,只能选择一晚上几十元的青年旅舍。

在青年旅舍安顿好的那天晚上,我知道自己在北京的奋斗开始了。那时的我很懵懂,却有一腔热血。尽管知道自己起点不高,前路定然艰难,我却没有丝毫胆怯。

在腾讯实习时,由于我本身就只有 18 岁,又因为瘦,所以看起来年龄更小,许多合作伙伴一度对我产生不信任感,觉得我年纪小、没经验、不靠谱。

在实习的岁月里,我学会了如何让自己显得更加"可靠",学会了奋力争取自己想要的,认清了职场就是充满挑战的;机会来临时,我也开始自己创业,希望副业收入占所有收入的 70%,以此对抗可能面临的失业风险。后来,我成为 G20 YEA 中的一员,做了人体器官捐献志愿登记,做了青年访谈栏目(本书中的人物、故事大多来自访谈栏目),去感悟各种各样人物的多面人生,看自己、看世界、看众生,成人达己。25 岁,我有幸入选福布斯中国 30 Under30 榜单。

这些小小的成绩都得益于我当时决定来北京。如果我当时选择读完高中,拼尽全力考上本科,再按部就班地完成本科学业,毕业后也许我还是会选择来北京。那时我可能更加从容，但我的奋斗时间也一定会更长。

虽然现在的我也并没有多么成功，但30岁前，我一直在不断让自己成长，渐渐地，我有了自己的成长法则。

法则一：对自己负责

我一直信奉一个准则：任何时候都要能为自己兜底。当我离开家乡来到北京时，我就明白从此以后能为我兜底的人只有我自己，我的父母已经不能再为我安排好一切，这超出了他们的能力范围。

所以，我必须对自己负责：我要确保自己吃完上顿还有下顿；晚上有一张床可以供我睡觉；努力工作不能丢掉实习机会。

我需要保持在一个克制而理性的状态，可以放松，但不能放纵。比如，我可以晚上和朋友一起喝酒聊天，但不能耽误我第二天一大早出差；我可以向领导提出意见和建议，但要保证他不会因此开除我。

任性和冲动没有任何作用，这是我在18岁来到北京后就悟出的道理。如果我们因为任性和冲动耽误了正事，最终都会反噬到我们自己身上。

法则二：不断增长见识

岁月让我们增长年纪，而广博的见识却让我们增长智慧。只有见识了广阔的天地，我们才能跳出局限，重新认识世界、认识自己。有些年轻人始终待在自己的舒适区，不愿意接受改变和挑战，这样的选择往往不是因为他们没有能力做出另一种选择，而是因为他们的高度不够、见识不够，所以一时间看不到另一条路的方向与终点。

增长见识的方法有两种：一种是广泛地接触不同的人、事、物，在观察和实践中积累经验，并总结出一套世界观和价值观；另一种是通过读书和思考，提升自己的认知能力和思维能力，学会多角度思考问题。第一种方法可以增加见识的广度，第二种方法可以加深见识的深度。如果我们能将这两种方法结合起来，就会对事物有更深刻、更全面的认识。

事实上，无论是哪种方法，归根结底，都离不开"学习"二字。年轻人不应放弃任何学习的机会，因为学习能力的强弱决定了我们能走多远。没有掌握学习能力、不愿意学习的人，已经让自己的人生提前止步。

法则三：坚守长期主义

半途而废很容易，长期主义才是王道。很多时候，能否做成一件事，并不是看智力，而是看毅力和耐力。

在这个高速发展的时代，许多人学习、工作的目的性都很强，希望付出后马上就能得到回报。于是，所谓的"21 天速成班""7 天见效班"非常火爆。事实上，当我们把时间线拉长到 3

年、5年,甚至10年、20年,就会发现这些速成式学习只能带来短期效益,对长远的人生规划来说,影响力非常小。

30岁前,一定要坚持的5件事

上文说到年轻人要坚守长期主义,但并没有说在哪些事情上坚持,以我个人的经验,30岁之前要坚持以下5件事。

一、保持乐观

当我不断补齐自己的短板后,我惊喜地发现,我来北京时,那天晚上定下的目标——在北京站稳脚跟,已经不知不觉实现了。一个没有高学历、强背景的普通小镇青年,在北京有了属于自己的稳定的工作、收入和伙伴。

惊喜过后,我陷入了无尽的迷茫,没有目标和规划,我不知道前路如何继续。再往深想,即使取得再多的结果,人终有一死,名利转身间会化为尘土。一时间我感到,个人的奋斗和苦痛,在宇宙背景下,只不过是个笑话。

这样的认知令我感到无比惶恐,我的情绪出现了周期性的起落:兴致高涨时,看一切都积极向上;情绪低落时,又感到万念俱灰。这样的状态持续了近一年,直到后来我看到李银河在谈到生命的意义说过的那句话:"从宏观角度看,存在是无意义的,但是从微观角度看，我可以为自己的存在赋予个性化的意义。"

或许，我的存在本身就是意义所在，我所做的一切，哪怕只是躺着什么也不干，可能也是我的生命意义所在。既然如此，那我做什么都可以，只要顺从本心。

在苦苦挣扎的这段时光过后，我向身边的朋友询问他们是否有过同样的比较失落的状态，几乎每个人的答案都是肯定的。

失落很正常，但不能一直失落，陷在负面情绪里出不来会令人失去斗志。在面对挫折时，最好的解决办法是积极寻找解决方法，而不是顺势倒地。

事实上，情绪是对人们主观认知经验的统称，是人对客观事物的态度体验和相应的行为反应。情绪是以个体愿望和需求为中介的一种心理活动，可以反映出我们内心最真实的需求——当需求没有被满足时，我们就会产生愤怒、恐惧、悲伤等负面情绪。

因此，当负面情绪产生的时候，我们可以试着接纳它，并找到它产生的原因。只有看到情绪背后的真实意图，我们才能及时控制和梳理自己的情绪，避免陷入自怨自艾、暴躁愤怒的情绪"泥沼"。

除了接纳情绪、认识情绪，我们还要学会控制自己的情绪，不让坏情绪影响自己的工作，以及正确地表达和排解不良情绪。我们可以向自己身边的朋友倾诉，也可以运用合适的方法进行自我调节，比如散步、运动、听音乐等。

"把脾气调成静音，不动声色地解决问题"，这是作家李筱懿在《在时光中盛开的女子》一书中表达的观点，也是年轻人在职场上出彩的关键。年轻人若能管理好自己的情绪，不被情绪左右，做一个"高深莫测"的人，想必能以自身魅力影响到周围更多的人。

二、运动

身体是革命的本钱。这是一句我们已经听腻的至理名言。随着年岁渐长，我们的身体机能将会不断下降。久坐、暴饮暴食等不良的生活习惯，已经令越来越多的年轻人陷入健康危机。

几乎每隔一段时间，我们都能从社会新闻上看到一些年轻人"猝死"的消息。在为这些年轻人感到心痛和惋惜时，我们应当重视这个问题，将运动提上日程。

有趣的灵魂需要健康的身体承载，一旦疾病袭来，再有趣的灵魂也无法展示。

三、多看看外面的世界

我们不仅可以通过学习来提升认知，还可以用脚步丈量世界，从而获得从书本中得不到的惊喜与愉悦。在路上寻找、思考、发问的过程，既能开阔眼界，也能反省自身。

四、定期给父母打电话

远离家乡逐梦的年轻人，要多与父母分享生活，了解他们的身体状况。"树欲静而风不止，子欲养而亲不待"是人世间最大的悲哀。趁着父母身体还好，我们要多抽时间与他们相处，教他们融入信息社会，掌握一些基础的互联网知识。

五、坚持学习

放弃高考这件事情一直是我的遗憾。于是，我利用工作之余参加自学考试，在两年时间内不停歇地考了 27 门课程，拿到了专科和本科的学历。毕业 3 年后，我还参加了长江商学院 MBA 面试，不断弥补自己在学历上的不足。

巴菲特和他的黄金搭档芒格，都是典型的"学习机器"。芒格曾这样描述巴菲特："如果你们拿着计时器观察他，会发现他醒着的时候有一半时间在看书。他把剩下的时间大部分用来跟一些非常有才干的人进行一对一的交谈，有时候是打电话，有时候是面对面，那些都是他信任且信任他的人。"

芒格也热爱读书，95 岁时，他还坚持每周看 20 本书，读到兴奋时，甚至熬夜阅读到凌晨。芒格的孩子曾笑称自己的父亲是"一本长了两条腿的书"。芒格在南加利福尼亚大学毕业典礼上告诉毕业生，他的人生经验是要让自己成为一部"学习机器"，以便"每天夜里睡觉时都比第二天早晨聪明一点点"。

30 岁前，投资什么都不如投资自己。

30 岁时，
人生才刚刚开始

我从懵懵懂懂开始思索自己往后人生的那刻起，就在暗自下定决心：如果我到了 30 岁还没有迈过自己互联网梦想第一道里程碑式的大坎儿，那么这一辈子的人生就注定失败了。

没错，我想的不是成家立业，因为成家并不在我对人生的规划当中，但是立业却尤为重要。我原本以为自己的这种设想是对自己科学又正确的督促，直到有一天，我在朋友圈看到了一位朋友的随想：

"明天就是我 30 岁的生日了，在我即将 30 岁的这一周，我离婚了，5 年的家庭主妇生涯就这样画上句号。现在的我，没有稳定可靠的工作，甚至不确定自己还具备什么有用的技能，也没有年龄与体能上的优势。无论是在个人事业上，还是在爱情生活上，我的前途可以说是一片渺茫。但是，我确信我的人生才刚刚开始！"

这一朋友圈随想，仿佛春困午后的第一场春雨，将我混沌了许久的思绪瞬间浇醒。

我们是否都对 30 岁太过敏感呢？三十而立，这里的"三十"或许早就应该视作一种象征意义，它难道不能仅仅代表着某个人生里程碑吗？

而 30 岁，这是怎样的一个美好年华！人生难道不是从这时起刚刚开始吗？

延迟满足，尽全力奔跑

在传统的认知里，30 岁一直是人生的分水岭：在它的前方，是望不尽的中年，而它的后方，每一天都是从我们指尖溜走的青春。

其实，我并不是非常认可这样的划分，那些始终奔跑在路上，自信、积极地迎接每一缕晨光的人，无论多少岁，都正青春；而那些浑浑噩噩地日复一日浪费着时间的人，还来不及走到 30 岁的路口，就早早地步入了中年。

所以，我也始终不是太喜欢"90 后""80 后"这样的群体分割形式，这样的分割真的合理吗？我们似乎总是习惯将年龄段与许多标签紧密结合在一起，但是这些标签又有什么科学依据与道理可循呢？

这世上数不清的五六十岁仍然奔跑不止的前辈，数不清的十几岁、二十几岁就停下脚步"躺平"放弃的年轻人。难道后者这般状态，也要因为年龄段的标签被褒奖一句富有青春朝气吗？显然，前者即便满头白发，也会引人感叹一句年轻依旧。

我曾无意间瞥见一段网友的感慨："不要仅遵循能力水平不高，但是年龄很大的人或者长辈的话，尊敬他们，但不一定要相信太多'老人言'。你需要想想，是他们的想法让他们活成现在的样子，除非你愿意像他们那样活着，不然，就去寻找自己的路。"

时光无法倒流，一个总是会怀念、遗憾曾经的机会的人，永远无法真正体会眼前的时光有多美好。能过好现在的人，不会怀念过去，不会豪赌未来，因为他可以在正能动手努力的时间里铺垫、完成一切，他可以自信地让自己眼下的所作所为不成为未来的遗憾。

时光不等人，人生最痛苦、无解的事情无非就是悔恨。悔恨曾经自己可以去做的时候没有勇气、没有尽全力，悔恨曾经可以选择的时候跑错了方向、跟错了向导……既然如此，我们为什么要瞻前顾后地在可以选择、可以出手的任何一个时刻犹豫呢？

当我们有想法、有欲望的时候，请拼尽全力，加快脚步，只有跑过人群与时间，我们才能甩脱遗憾。

一位心理医生曾在自己的书里写到，让一个人做到克服人生中遇到的所有困难的条件，就是让他学会一项特殊的人生技能——延迟满足。什么是延迟满足？就是学会放弃现阶段唾手可得的享受，先吃苦，先去学习与成长，将那些渴求暂时放一放。等到我们有所成长，那些渴求将得到更甜美的满足。

当然，能做到这一点的人少之又少，甚至能理解这一行为的人都没有多少。有太多的人，一旦他们意识到成长是带有苦涩的，就一定会想尽办法为自己补偿足够的甜头，甚至想要更多的满足。要知道，人生这一路，最可怕的事情就是我们自己还没有付出过什么，就时时刻刻惦记着如何奖励自己。

眼下每一份将生活填得满满当当的甜美，都有可能影射着以后更难解的痛苦。

在我进入腾讯前当服务员的那两个月，我经历了一场自己难以忍受的折磨，身心不自由，财务不自由，想做的什么也做不了，想要的什么也得不到，每天只是两点一线地完成自己不喜欢的事情。

当我满心认为两个月后，到达腾讯的我一定会摆脱所有痛苦的折磨时，现实又给了我一闷锤——职场上有太多我不曾预想过的状况，而我显然还需要学习更多。

我意识到，这份苦是现阶段的我不得不面对的磨难，我应该直面猛烈的暴风雨，如此才能真正品尝到前方的甜美。于是，我开始疯狂地学习，努力让自己接触更多、看到更多。

最终，我发现学习是打破自我边界与极限的那柄锤头，在学习中，我不知不觉就突破了现有的境界，去向了更高的地方。

我比任何人都明白，延迟满足，感受当下的痛苦，是为了以后可以更长久地享受。如果说我们在痛苦的成长前享受到的只是山脚的美景，那么那些延迟满足将为我们换来更好、更广阔的极致享受——我们将有机会享受更大的世界。

至今我都时常会梦见当年初来乍到的自己，那个一脸稚气却干劲十足的男孩儿，刚刚过完自己 18 岁生日，在灯影重重、人头攒动的城市里奔波不停，专注、认真、谦虚地研究着每一个知识点。

我想走过去拍拍那个小身影，对他绽放最真诚、感激的笑："彬彬，你很棒，请继续努力，我在未来等你！"

30 岁，未来还有机会吗

当年站在北京城的立交桥上时，我除了随身物品与临时打工挣来的一点点钱，什么也没有，甚至连寻常"北漂"年轻人最该有的学历都没有。转眼间，我已经在这座底蕴深厚的城市落脚了七年。

我不认为自己已经是一位成功人士，可是回头望，看到记忆中那个青涩的少年时，自豪感还是油然而生——我正在越活越像我所期望的自己。

在我结识了越来越多的朋友之后，我惊喜地发现，还有许许多多的人在这个城市得到了非同寻常的蜕变。这群人在大城市里奋斗不止，即便一次又一次跌跌撞撞到头破血流，也不过是再来一次"整装待发"。他们奋力摘得了自己想要的那颗果实，在够到它之前，他们或许也想过放弃，也想过逃离，但最终，对机会的渴望和对努力的热情盖过了那些缥缈如雾的恐惧。

于是，他们得以看到自己更好的模样。

孩童时期的我们即便是出生在小城市，也能学到许多知识。可是，仅仅建立在那些知识之上的人生却并没有办法走得更宽敞。大城市可以带我们见到更广阔的天地，开阔我们的眼界，教授我们更巧妙和更有用的技能，将更多更优秀的朋友或者榜样带到我们身边——所有这些都在告诉我们应该如何握住自己人生的方向盘。

我们的人生，在大城市的天地里拥有了更多的可能性。

我想，不只是我，许多人应该都被问到，或者自问过这样的问题："30岁了，我还有机会吗？我还能从零开始拥有一个绚烂的未来吗？"

不用担心，更不必焦虑，30岁一点也不晚，它怎么不能是一个起点呢？任何奇迹都有迹可循，每个人的身上都被投射了数不清的可能性，机会从来都不与年龄挂钩。

我曾在偶然间看到过一场关于年龄的讨论，有人好奇，如果我们每个人都能活过100岁，是否我们最为熟悉的三段式人生——学习、工作、退休，将不再是主流。《百岁人生》一书中曾设想过这样一种多段人生：我们也许将专心学习一阵子，再做一阵子工作，随后又去学习一阵子，然后再做一阵子工作……

我们的一生将会被分为五段、六段，甚至十段，乃至更多的阶段，而其中的每一段都不再拥有约定俗成的"年龄限制"，每个人都将按照自己的状态与进度，随机地合理分配自己的人生轨迹。我们不再会严肃地讨论"哪个年龄段应该做什么事情"，也不必再焦虑这些人生组合的"正确性"——没有什么对错，一切只要合适自己，就是最好的安排。

那些由年龄划出的清晰分界将不复存在。

越来越多特别的人将出现在我们的视线中：35 岁之后毅然转行创业的人，不会再让人感到惊奇；45 岁之后刚刚将孩子送入大学便重返职场的母亲，也不会再被反复追问心路历程；65 岁之后走路需要拐杖的银发老人，也能安然、自信地重返校园继续深造……

只要一颗敢想敢做的心还在每个人的胸腔跳跃，这世间所有的机会与成就都不足为奇。

30 岁，独立且有能力

我曾读到过一段绝妙的对"三十而立"中"立"的注解。

"立"，是让我们在 30 岁时找到人生的立足点，这个立足点没有一个严格的标准与制式，它或许会因为不同的人的迥异经历、感悟拥有千百般的模样，可以代表着一种足以让我们在这个世界好好生存下去的能力，也可以是让我们或醒悟或蜕变的某个主动抓住的机遇——无论它是什么，这个立足点都应该是我们内心满足感与人生意义的源泉，是我们独立于社会的底气，它储存着我们对这个社会和对自己的所有认知与理解，是一份清晰、清醒的礼物。

因为清晰，因为清醒，所以我们能在此站住、站稳，我们心安理得，不会有任何焦虑与不安。

现如今，许多人最大的问题在于到了30岁还不知道自己的能力与机遇在哪里，不明白自己可以做什么，自己喜欢做什么，自己应该做什么。他们习惯了被安排，习惯了按照模板继续自己的人生，这种选择帮助他们"逃"过了许多磨难，闪避了绝大多数可以自我锻炼的机会。这样的人生选择看上去似乎非常"成功"，可它的"成功"却不堪一击。当生活的重压突然袭来时，没有自行找到立足点的他们只会站不住脚，被压得只能体会到"中年危机"的痛苦。

所以，30岁最好的状态，就是在之前的学习、探索、试探中淘到能让自己独立生存的能力——那个立足点。

如何找到对于我们而言如此重要的那个立足点呢？

一、寻找一个属于自己的伟大目标，倾注一生的心血实现它

这不是我们日常生活中脱口而出的那些轻松目标，它一定不是你努力一个星期，甚至努力一个月就可以完成的那种目标。它

应该足够大,大到我们周围的人在知道的时候甚至觉得我们是在异想天开的目标。

那么,改变世界算么?

算,怎么不算呢?

王健林说先定一个小目标,赚一个亿;樊登说希望中国可以有三亿人通过他开始读书、爱上读书;乔布斯说自己活着就是为了改变世界……如今,他们都收获了完全不一样的人生。

我们不要怕自己的伟大目标被人嘲笑,目标是我们自己定的,为什么一定要将它与他人的看法挂钩?

我们只需要埋首认真去做,一步是靠近,一厘也是靠近,只要我们一直在靠近,我们就一直在收获成功——只有足够大的目标,大到我们必须要倾注一生的心血实现它的目标,才能让我们永远在路上,永远在奔赴。

二、开始一件持续升值的事情,花费一生的时间坚持它

或许是一份职业,比如老师、医生、画师;或许是一个爱好,比如摄影、绘画、茶艺……时间越长,经验越多,它们就越值钱。因为持续升值,我们的巅峰时刻将永远在下一刻,永远在明天,永远在我们往前奔跑的远方。

当我们坚持的这件事,肉眼可见地随着时间的推移越来越有价值,我们真的很难再去在意衰老是什么。我们会从持续不断的升值体验中感受到满足、幸福与充实,那些因为年龄与时间而产

生的焦虑早已被冲淡、冲散，不见踪迹。

三、进行一场足有人生那么长的复盘

每一位职场人都懂得什么是复盘，实际上，从学生时期开始，我们就在被训练复盘的能力——复习、错题集，这些都是复盘行为，它们或许需要花费我们几分钟，用掉一页或半页纸。

然而，我们会对自己的人生进行复盘吗？我们做好了用一生的时间与数不清的字迹、思绪进行一场复盘的准备吗？

人生的复盘听起来实在太不简单，可它却是由一个又一个简单的瞬间组成的，每一次挫败后的失意，每一场成功后的雀跃，每一个懊悔后的痛楚……我们当时当刻的所思所想，我们回溯经历时的记忆，都是值得我们记录、复盘的瞬间。它们一点点地在向我们输送能量，帮助我们成长。

"吾日三省吾身"又怎么会是一句废话呢？只要我们可以坚持认真做好每一个瞬间，我们的人生复盘就能异常精彩。当我们将岁月的沉淀融入骨血，我们就能增加自己人生的厚度，就能站得高、看得远，将人生的轨道铺设到更远方。

《了凡四训》中有言："从前种种，譬如昨日死；从后种种，譬如今日生。"我们应该让自己拥有日日新生的勇气，也该为自己找到足以让我们日日新生的能力。

30岁的我，一切都刚刚好；30岁的每一个人，都正在迎接自己刚刚开始的人生。

30 岁后，
敬畏生命

近日，我在短视频网站上看到一个采访，记者随机在大街上找到一些"00后"，询问他们对"90后"的看法。一直以来，这种采访几乎都是针对"90后"进行的，询问"90后"对于"60后""70后"或"80后"的看法。不知道从什么时候起，比"90后"更年轻的一代开始出现在大众视野中。

我是"95后"，很长一段时间里，我都认为我们这一代是社会的中坚力量，是未来的希望。然而，当公司入职的人中开始出现"00后"时，我才发现"90后"已经不再是最年轻的一代。

我回顾了自己对更年长的一代的看法，我一方面认为他们有些保守与固执，无法跟上时代发展的步伐；另一方面又不得不承认他们确实有更宽阔的视野和更沉稳的气质。

随着时间的推移，历史的长河滚滚向前，不因任何一个人停滞，也不因任何一个人加速，每一代人都有每一代人的特色，我们能做的，唯有敬畏。

30 岁后，告别"伪社恐"

最近，时常听到周围的小伙伴说起"社恐"和"社牛"这两个词。"社恐"是指"社交恐惧症"；"社牛"则是指"社交牛人症"。我是一个当之无愧的"社牛"，认识我的人都这样说。但身边的很多人都说自己是"社恐"，这让我对这个命题感到十分好奇。

什么是"社恐"？

"后浪研究所"发布的文章中提出了三个问题，如果你不能确定自己是否"社恐"，可以先问自己以下三个问题：

第一个问题：当你在电梯里遇到不熟的人时，你会低头假装刷手机吗？

第二个问题：别人当着你的面窃窃私语的时候，你会胡思乱想吗？

第三个问题：周末有约会，出门前你是不是又想反悔了？

如果这三条都中了，那么你确实属于"社恐"。在这个时代，越来越多的年轻人开始"社恐"，并以此为由尽可能回避社交场合。

具体而言，"社恐"具有三种症状：一是过分关注外界的消极评价；二是社交时的恐慌反应与实际处境完全不符，并且无法自控；三是有明显的社交回避行为。

为什么在互联网科技日益发达的当下，沟通顺畅无阻，可年轻人还是"社恐"？因为年轻人常说的"社恐"，并不是无法自控的，只是内心对社交行为有些抗拒和抵触，没有达到恐惧的程度。这种"社恐"，我认为是"伪社恐"。

在我思索 30 岁之后的年轻人应该是什么状态时，我认为 30 岁后，我们应该告别"伪社恐"。

为什么这么说？因为"伪社恐"背后的真正原因是人们在沟通方法、沟通技能上的欠缺。在我看来，学生时期要想成绩出色，更多靠的是智商；而踏入职场，情商比智商更重要。

早期我也是"伪社恐"患者，我习惯了在线上与人交流，可到了线下，真正需要用嘴去述说我的想法时，我变成了会说话的"哑巴"。我难以组织自己的语言，再加上普通话欠佳，常常弄得自己很尴尬。久而久之，我越来越不愿意与人交流，不愿意去各种社交场合。

我的一位女同事也是如此。她的性格稍微有些孤僻，并且不愿意与人聊天，即便必须与人聊天，她也只是试探性地提问，一旦发现自己不了解相关领域，或是与对方交流有些许困难，她会立刻停止交流。

我和同事们都是经过层层筛选进入腾讯的，能力相差不大，但为什么有些人能顺风顺水，最终成为管理者；有些人却只能原地踏步？我认为沟通能力在其中起到了至关重要的作用。

在 30 岁以后，如果职场人士不能改变"伪社恐"的现状，将在本来就难以突围的职场中会更加被动。

那么，如何告别"伪社恐"？以我自己从"伪社恐"转变为"社牛"的经历而言，我认为可以从以下三个方面入手。

一、转变心态，减少畏难情绪

"伪社恐"的本质是沟通能力欠缺导致的沟通意识薄弱。因为我们曾在与人交流、沟通上受挫，所以便不愿意与人沟通。但越是觉得难，越要迎难而上。当我们能够主动与人沟通、交流时，我们的"伪社恐"已经好了大半。

我从福建老家来到北京实习，下定决心要在北京站稳脚跟。在工作上，我需要与各种各样的人打交道，处理各种人际关系，下了班，我也要进行广泛社交以扩大人脉圈。这些原因迫使我不得不放下心中对于社交的担忧，主动出击。

结果出乎我的意料，当我的心态发生转变后，我发现社交根本就不困难，我甚至能够从中获得无限乐趣。当然，这本身就是社交的意义，只是我当初曲解了这一意义。

二、先做一个倾听者

在我们还不能游刃有余地应对各种社交场合时，我们可以先做一个优秀的倾听者。认真倾听对方讲话，无疑会让对方感到被重视，从而拉近彼此的距离。

同时，倾听能够帮助我们收集更多的有效信息，帮助我们发现细枝末节的变化，让我们可以透过纷乱的表象看透问题背后的本质。

在倾听时,我们要学会恰当地将我们正在认真倾听的事实反馈给对方。比如,点头示意自己赞同对方的观点,或者微笑示意对方继续讲下去等。

三、增强自己在沟通中的说服力

真正的沟通高手总是在三言两语之间便可直抵人心,让自己在沟通中更具说服力,能大大提高沟通的效率。

沟通的核心不是博弈,而是开放性解决问题的思维,也就是说,能在沟通中顺利解决问题,是我们最大的说服力。所以,在沟通时,我们应当将重点放在如何解决问题,如何为对方创造价值上。

比如,在与客户沟通,希望获得客户认可,与客户达成合作时,我们沟通的重点便是我们的产品或服务能为对方提供什么样的价值,并且这种价值是其他企业或个人无法提供的。

当我们无法准确、清晰地阐述出我们能为对方提供的价值,将很有可能被对方视为"能力不足,无法满足他们的需求"或"诚意不够,连详细的产品价值都不能提供"。

沟通的最高境界是通过交流厘清对方真正的底层需求,然后用自己的方式提供共赢的解决方案,促成交流双方达成共识。其中,我们能向对方展示的属于我们自己的价值,是最有力的说服。

30 岁后，更加精彩

我见了很多因为生病、天灾人祸而离开的人。

我们永远也不知道，明天和意外哪一个先到来。前几天跑步的时候，我不小心被别人绊倒了。倒地的那一瞬间，我感到大脑一片空白，一时间竟难以从地上爬起来。缓了好一会儿，才慢慢恢复了知觉。腿上的伤口火辣辣地疼，鲜血不停地流。从地上爬起来，我只能一瘸一拐地走回家。

虽然说起来可能有些心酸，但走回家的路上，我思考的全是，如果有一天我突然死了，我的家人和宠物该怎么办？我的银行卡密码是多少？我在哪里存着钱？一旦我发生意外，这些钱足够家人养老了。

虽然摔伤并不是什么大问题，但也给我带来了不小的麻烦。穿裤子时，我得忍受裤子刺激伤口的那一下；洗澡时，我得翘起一条腿以免伤口沾水；上下楼梯时，我只能用另外一条腿支撑，扶着栏杆前行……

此时，我终于感受到时光的残忍。我的脑海里突然蹦出一句话：生命是最大的奢侈品。

30 岁之后，人的身体和精神状态会逐渐衰落，这是自然规律，不可违抗。我曾经非常瘦，许多人形容我"像竹竿一样"，但随着年龄的增长，以及不规律的饮食，我的身体愈发肥胖。从前我也吃得不少，但总是很容易就代谢掉了，怎么吃都长不胖。

如今我吃得不多，却很容易长胖。我明确地知道这是因为我的身体机能下降了。

不知道从什么时候起，立遗嘱在年轻人中流行起来。我的一位朋友，就在她 30 岁生日那天立下了遗嘱。她这样说道："我现在怀孕了，我是独生子女，如果生产时我发生什么意外，我不想让我的财产分配不明不白。我名下的房产和汽车，父母出了大半的钱，到时候一定要留给父母，供他们养老。"

我在 23 岁时，就已经思考过自己的"身后事"。我希望自己离开后，我的器官能够帮助到需要帮助的人。于是，我登记了遗体捐赠。虽然这不符合中国人传统的观念，但或许我能以这样的方式继续活着：当我的心脏跳动在其他人的身体里时，我活着；当我的眼角膜在其他人的眼睛里时，我依旧能看这个世界。

和我一样的年轻人还有很多，这并不代表我们对人生是悲观的，正是因为生命的不确定性，我们才更加敬畏生命、尊重生命。用"立遗嘱""捐遗体"这样的方式，给"活着"一个仪式感。这样做能让我们更加清醒地认识到生命的有限，进而用有限的生命去探索无限的未来。

同时，我开始锻炼身体，如果有一天我的离开是因为意外，那么我无话可说，也不会留下遗憾，但如果是因为没有健康的体魄，我的内心一定会十分不甘，因为这是我可以控制的。我希望年轻人都运动起来，对生命保有一定的敬畏感，从而更深层次地体会生命的意义。

在逐渐长大的过程中,我逐渐体悟到:

敬畏生命,对一切生灵而言就是万物和谐共处的基础。

敬畏生命,就是尊重他人,从而得到他人的善待。

敬畏生命,对自己而言就是求得善果,成就自己。

敬畏生命,是每个人一生的修炼,也是自我的提升。

30岁后,学会敬畏生命。

后 记

期待
下一个
故事

　　白驹过隙，时光易逝。写到这里，本书已经步入尾声。写这本书是在春暖花开的三月，我也希望看完这本书能让你感受到春日的温暖。

　　在写本书的过程中，我无数次回顾自己经历的人和事，曾经的欢笑和泪水、迷茫与笃定、从容与忐忑，都在我的脑海里一一重现。那些我曾经经历过的事和感知过的人，早已在不知不觉中，将我塑造成一个更好自己。

　　这个社会既温情又残酷、既浮躁又平静，每个人都是矛盾的结合体。在北京这座城市里，人们既富有理想、朝气蓬勃、积极向上，又时有颓丧、空寂。但这就是人间百态，生活在这样一个社会里，我们每个人都曾有过欢欣鼓舞，也有过伤心疼痛。欢欣时能够克制，伤心时自我救赎，这足以使我由衷地佩服那些年轻

后记

的灵魂。

有些事情远比多挣一点钱重要。随着年龄的增长,我越来越感受到自己肩头的责任与义务。当我站在一个更高的视角审视自己的所作所为时,我发现一次互助交流、一场公益活动,远比我多拿一份工资重要百倍。

人生总是各有不同,却又何其相似。"北漂"七年,我不敢自诩为成功人士,也从不妄自尊大,但或多或少对这个世界有了些许体悟。创作本书的目的很简单,我只是想将这点体悟最大限度地传递给那些像我一样的小镇青年、"北漂"青年。

在家千日好,出门万事难。如果能有一个人,愿意在游子远行奋斗时给予他们一些温暖,能够帮助他们看到更高处的风景,甚至启发他们选择更好的道路,我希望那个人是我。

这本书的出版非常不易,作为一个互联网人,我更理性一些。写作对我而言有着不小的难度,动笔之前我翻阅大量的书籍,希望能从中获得一点灵感和启发。一开始我会学着模仿那些名著、畅销书构思,但无奈我并不是一个善于运用华丽辞藻的人,以至于我所写的内容,既失去了我想表达的核心,又全然没有优美的语句,显得不伦不类。在我将未写完的手稿发给朋友们看时,许多朋友都评价为"只有骨架,没有血肉"。

这让我不得不反思自己的写作,思索再三我终于明白,如果失去了我想表达的核心,无论运用何种写作手法,都会让我的文章看起来没有灵魂。于是,我重新开始,这一次我不再在意手法，只将自己心中所感全盘托出，真实描述每一个故事。虽然最后成稿可能表达得并不完美，却最契合我的心意。

非常感谢这些一路与我同行的伙伴，他们不仅仅是我创作的"素材"，更是指点我越来越好的良师。就像他们指点我的文章一样，他们也在指导我的生活、工作，我十分感激。

最后我想说，如果本书中有那么一两个人的故事能让你看完后认为对自己的生活、工作或情感有了一丝帮助，那么我的努力就没有白费。